預約實用知識，延伸出版價值

跟

連鎖經營顧問學

開店創業

從創業實戰到

成立連鎖品牌總部的經營管理學

陳其華—著

CONTENTS

第二學分

我想開店當老闆，該怎麼做？ 091

第三學分

想加盟的人源源不絕，我該怎麼辦？ 153

第四學分

為什麼要成立連鎖加盟總部？ 215

【推薦序】

創業者是產業開疆拓土的基石

林家振／CoCo都可國際飲食股份有限公司總經理、上海交通大學EMBA教授

經營一個點不難，經營上百個點就不容易，經營跨國的上百個點更加困難。在我的工作歷程中，曾任職幾個超過百年甚至數百年歷史的歐美科技企業與金融機構，並有幸帶領那些組織的跨國優秀團隊。

這些歐美企業在數百年漫長歲月裡，在五大洲一百多個國家成立分公司，長期維持一流的經營標準，持續高度成長、靈活地擴張且多角化經營，成為各國的產業龍頭。當中的管理哲學和經營細節，都是我們亞洲企業原本所欠缺的。有幸學習與內化這些經驗，實屬榮幸。

台灣的服務業產值已經超過工業生產。在邁向已開發國家的過程中，服務業的專業化和國際化是海島型經濟必經的道路，而服務業創業者就是帶領服務業一面深耕當地，一面異地擴展的靈魂人物。

服務業的創業者兼店長，其實是比一般公司總經理更具挑戰性的工作。一家服務業門市，特別是餐飲服務業，整個價值鏈的創造過程，泰半是在新創事業裡發生和完成。

從新鮮食材訂購（採購）、進貨、驗貨和倉儲（這是倉庫物料管理）、備料煮製（這是生產過程）、點菜上菜（這是提供勞務）、買單收銀和報表結清（財務）、客訴、客服、門市宣傳促銷、行銷活動、清潔打掃、召募新人、教育訓練、區域公關、裝修、機器設備的工務維修等，都是創業者的職掌範圍。這些各式各樣的價值鏈創造過程，在一般公司中分屬不同專業部門職掌，各有不同的部門（SBU）主管負責，這些主管再共同向總經理負責；在一家服務業的門市裡，這位總經理就是店長。

然而，服務業創業者卻比一般企業總經理要面對更獨特的任務和辛苦的環境。首先，面對顧客詢問或抱怨，沒有一整個團隊的幕僚可以諮詢，也沒有相關部門主管可以代勞，更沒有先研究再回應的緩衝時間。新創事業或品牌面對各種狀況與要求，在即時性和快速反應的能力上，絕對不遜於一家企業的總經理或執行長。

再者，這位創業者必須全方位、全功能，也是通才的團隊主管。今天顧客問產品的問題，創業者必須詳盡回答和介紹，顧客詢問門市促銷和行銷方案，創業者要在腦中跑過不同行銷方案的目標對象、施行細則和活動日期，以便解決顧客疑問和順利地執行方案。

若是遇到顧客因為使用產品而權益受損或有其他抱怨，創業者兼店長的即時安置和團隊後續事項的聯繫和跟進，就會是服務業品牌要高度仰賴創業者做好危機管理和損害控制之處，這也是從單點擴張成跨國界、跨區域的連鎖體系前，必須先建立的架構與準備。

當然，只談經營，不談財務、法務、策略、資本市場、後勤物流、國際人資管理，跨國經營的基礎就不存在。本書介紹的是連鎖型態所架構的各個功能和部門，也是從中型企業要擴張到大企業品牌的必讀和先修內容。

由此觀之，服務業創業者，不只是這些散布各地小策略單位（SBU）的領導核心和政策執行者，也是服務業在各地開疆拓土和開枝散葉的基石。寄望藉由本書深入又專業地探討創業者培育和養成的內容，可以讓有志創業或有旺盛企圖心要在大市場展現拳腳的服務業經營者，找到可以依循的規劃方向，讓更多台灣服務業在世界各地消費市場發光發熱，也希望本書將來可以有多國語言版本，讓台灣累積的創業智慧，可以澤被四海，讓海外服務業業者有一起成長茁壯的機會。

【推薦序】

選擇「創業」，需要正確心態與明確地圖！

陳家聲／國立台灣大學商學研究所教授

開創個人「事業」是人生的重大抉擇，是一條長遠的路！就如同人生歷程一樣，在不同發展階段有著不同的挑戰；而個人視野、思維、經驗與技巧是否也隨著企業發展歷程而持續提升，是企業與個人成長的重要關鍵！

有幸拜讀其華兄的創作，這是他十數年持續輔導企業心得的總結。他將連鎖經營知識架構分為四大學分：

第一學分：創業這場仗，你該怎麼打？

第二學分：我想開店當老闆，該怎麼做？

第三學分：想加盟的人源源不絕，我該怎麼辦？

第四學分：為什麼要成立連鎖加盟總部？

這四個學分代表著連鎖企業經營成長發展的四個階段。

根據調查顯示：創業一年的失敗率高達百分之九十，五年的失敗率高達百分之九十九，能撐過前五年的僅僅只有百分之一。這樣的數字代表著創業存在高度的挑戰與難度！因此在思考是否開店創業時，對個人創業的動機與目標、創業的條件與能力等，都要有清楚的認知。如果開店創業只是為了逃避低薪又過勞的日子，這樣的心態並無法成功！

想要創業，首先要建立正確的心態，要做足功課，最重要的是確實了解自己的目標為何、想要什麼、擁有哪些條件、具備哪些知識及能力、可以獲取的資源為何？也就是在開店創業前，首先須做足功課，認識自己，認識產業行業，認識門市的經營管理與需要的知識與技能等。亦即要對準備進入的市場做好研究，了解行業存在的挑戰，審慎評估個人能力、知識及相關條件等，準備好裝備，才可以進入戰場。這才是第一步的準備工作（第一學分）。

其次，在決定進入戰場時，還要考慮選擇你的戰場在哪裡？也就開店選址、店面的規劃設計、商品的研發設計與生產、資金需求、營運模式及獲利的結構、人員的聘用與管理等，這是第二學分的內容，也就是決定自己要當老闆時，你必須要開始投入的各項工作。這些常無法假手他人，而是自己要親自投入。而且從這一階段，你才開始真正投入開店的具體工作，包括店面設計裝潢、督工、生產設備的篩選、比較及採購等，你將發現你的工作時間與投入絕不亞於上班的時間，生活將更加忙碌。

等到店面營運稍具成果時，還要預先規劃門市擴展及加盟等相關問題，你將發現開店創業真的是「事業」，而且停不下來。這時或許你會感受到自己的成就，也許會有人詢問加盟相關事宜。你也許會想著：自己是否需要這麼累？接受加盟還會衍生許多問題，例如：簽約加盟的制度設計？要如何擬定相關的法律規範與合約條件？加盟店要如何管理？是否要成立連鎖加盟總部？加盟總部要扮演什麼角色及功能？總部主管需要具備的能力為何？如何管理品牌資產價值？在拓展國際發展時，還要考慮文化、法令與生活習慣等差異。這時恭喜你，你已經準備修習第三及第四學分了。

連鎖經營可以視為是知識管理的典範個案，具有四S的特點：標準化（standardization）、簡單化（simplification）、專業化（specialization）、綜效（synergy）。透過有系統地淬取經驗，可以快速複製，發揮知識經驗的價值。這是連鎖經營業最大、最典型的特色，也是發揮連鎖經營優勢的核心。亦即連鎖經營的共同特色是：連鎖總部將專業的產品或服務透過標準化、簡單化的設計，使一般想要加盟的民眾可以在最短時間內正常營運，又可以使體系內部維持較一致的特色及品質；而企業體透過快速、大量的經驗複製，以創造品牌的價值。

選擇加盟是開店最容易上手的方式，因為品牌經營者會有系統地提供行業經營的主要資訊，一般初創業者可以快速學習到開店經營的相關知識與經驗，了解產業特色、供應體系與供應商等，作為個人以後另謀發展的基礎。然而，品牌企業也需要思考：如何透過持續創新及研發來提升品牌價值，並確保不會被他人輕易複製與取代。

連鎖經營在台灣發展得相當早，也非常快速。台灣曾經是連鎖品牌密度最高的地區，可是至今所發展出的知名品牌仍是少數。其中最大影響是企業經營者從單店做到多店，到成立連鎖加盟總部時，較少投資在企業體各個成長階段需要的知識、技能、面對的挑戰與需要持續的創新研發等。因此，選擇加盟創業時，審慎評估加盟總部的組織與制度絕對是重要關鍵！

不論你想開店創業，還是已經創業了，想要精進及建構連鎖品牌企業，相信在本書裡，都可以找到自己需要的答案。了解連鎖企業的成長過程，也可以讓你儘早為事業做些初步的藍圖規劃，包含在連鎖經營不同的發展階段，存在不同經營管理的重點與挑戰，可以如何尋求相關協助等。相信本書能夠對你有所助益！

【前言】

連鎖加盟品牌的開店創業之路

產業發展，永遠有人說不景氣，但也總有人會在不景氣中表現得很爭氣，差別只在爭氣的人是不是你。市場供需的本質沒變，人性的需求與欲望也沒變，只是滿足的內容與型態不同。

開店做生意是很多人創業的開始，看似簡單，然而要把店面經營好卻不容易。大多數人都是在跌跌撞撞中不斷反省與檢討，掙扎後爬起來，再努力往前走。生意好不好做，其實是看人做。君不見這幾年已有不少知名連鎖加盟品牌成功掛牌上市上櫃，並在全球海外數個國家授權發展品牌與技術。

創業、開店、展店、召募加盟到成立連鎖品牌總部，是不少創業者想發展的一條路。但市場上的完整資訊取得不易，加上缺乏實戰經驗，使得多數創業者在過程中彷彿瞎子摸象。多數老闆靠打帶跑方式，缺乏兼具理論與實務經驗的經營方法來引導。賺錢時欣喜若狂，賠錢時則淒風苦雨。畢竟多數門市都是現金生意，賺錢與虧錢間感受最直接。

部分幸運兒穩定經營，甚至開展了許多直營門市或連鎖品牌加盟店，卻還是對很多發展中的核心問題不知所措。外人可能覺得老闆很厲害，但老闆其實心裡忐忑不安，深怕哪天一失足成千古恨，因為一點營運疏忽或倉促決策，造成不可彌補的損失。

連鎖加盟是種借力使力的經營手法，涵蓋的業種業態很多。在實體門市品牌中，幾乎是無處不連鎖。近年來，更往O2O（註：O2O模式又稱離線商務模式，指在網路上經營銷售，網路上購買，帶動實體店面經營與消費）線上線下的虛實整合與智慧零售發展。在中國這個快速成長的龐大市場中，也發展出具有本土特色的連鎖加盟經營手法；而在台灣的連鎖品牌，因為整體經濟發展受限，海外代理授權更是業者關注的大議題。

本書是我在連鎖品牌經營業界培訓與輔導多年的心血結晶，兼顧實戰與理論。期望藉由本書讓讀者學習到幾個重要領域的知識與經驗，首先是創業初期該知道的正確觀念，引導正確的創業思維與方法。其次，是如何有效經營店面？再者，如果營運績效頗佳，如何借力使力發展加盟品牌？經營者該有的加盟授權策略與思考是什麼？最後，則是連鎖品牌總部該如何建立及營運，並發展有效的成長策略？

個人雖經歷過不少連鎖加盟的業種業態，但智慧與資歷畢竟有限，難以兼顧所有領域，故本書內容多以品牌海外授權發展較成功的輕資產型餐飲業為例撰寫。提供給有志創業開店，期望長期發展連鎖加盟品牌的讀者，作為學習與參考之用。也感謝一路上在職場上提攜與共學的貴人們，這些經歷與學習累積，成就了本書的核心內涵。

若你希望開店多年後，有一天成為連鎖加盟品牌帝國的成功企業家。若你想從前輩實戰經驗與驗證的理論中，體悟連鎖加盟品牌之路。若你想了解連鎖加盟品牌發展路上，會有哪些障礙、機會與要點。千萬別錯過這本書，它將是一條引導你從創業到成立連鎖加盟品牌的光明之路。

“

現金流量是創業很重要的財務觀念，作為創業的老闆，一定要掌握好現金流量預估表。清楚每月、每週會有哪些大筆現金支出，手上的資金耗損或累積狀況。最重要的是現金何時會進來？能有穩定現金流入嗎？萬一手邊現金不夠，你該怎麼辦？

”

第一學分

創業這場仗，你該怎麼打？

第1堂課

關於創業，你該先知道的事

「新門市營收，預計從第一個月開始，每月收入會超過兩百萬元，而人事開銷大概是四十五萬元。」年輕創業者在台上努力地做著簡報，台下評審面面相覷，大概想法都跟我一樣：「這樣的資本額跟小店面，就算開在台北市東區，首月業績就可以那麼高嗎？」又是一個不食人間煙火的創業者。

創業收入曲線，剛開始不會一次衝太高，而是依據潛在顧客接受的狀況逐步拉高；而門市的團隊編制應依照工作與營收進度逐步擴張，不然創業初期就會發生每個月營業虧損，流血經營的狀況。不懂財務的老闆，可能幾個月下來不小心就倒閉了。

創業的迷人之處，在於能改變某些事情與實現某些想法。但是，卻也是處處充滿了困難與危險。一些基本的生意觀念與商場邏輯，創業者往往沒有掌握到。沒創業還好，一旦硬要創業，擺明就是要看誰的運氣好，賭誰的八字重。

市場需求，就是你的機會

任何生意的起源，都來自好的商業機會。可能是市場上有些需求沒被滿足，或某些問題沒人解決；抑或是已有市場，但你可以做得更好、更快、更便宜。創業者會產生一股堅持與想賺錢的欲望或不平：「這個問題為什麼沒有人可以搞定？」「這個商機，我應該有辦法掌握。」從而引發創業的想法。待滿足的需求或問題解決方式，可能是實體產品，也可能是服務流程。

構思創業計劃時，建議你必須先廣泛蒐集資料，進行評估：「市場上有沒有人做這樣的產品或服務？真的沒有嗎？有沒有替代品？」有時你的創意，可能市場上早就有了。但如果你有本事做得比其他人好，也是有機會的；可是別忘了當生意好時，模仿的競爭者也會不少。

其次，消費者或許有這樣的需求，但是否有足夠的市場規模？千萬記得，一個好的商品或服務，要讓足夠的消費者想買、有錢買、願意買、真的買，最好還要非買不可，那你就發了。

創業成功與否，在於你提供多少附加價值

能創造多少消費者願意買單的附加價值，就決定你的市場價值。**公司的存在決定在附加價值的創造能力，而附加價值則表現在毛利上。**簡單粗略地說，「毛利」就是你賣一樣東西或服務的售價，減掉產品或服務相關成本後所得的金額。

來客數很多，只是面子好看，重點是他們要願意「購買」。最棒的顧客是會自己買、重複回來買、推薦人來買，還不斷地傳頌口碑。有很多媒體報導或產品得獎，未必代表生意會持續爆紅，而是得確認能開多少發票，創造多少營業收入。產品或服務好不好，不是媒體說了算，而是顧客是否願意用口袋的鈔票投票給你。

你清楚知道顧客從哪裡來嗎？如何讓顧客願意付錢買？有多少這樣的顧客可以開發？公司是怎麼獲利的？要先思考如何達到你的預期目標，包括產品、通路、顧客與團隊等。把大目標切小，把小目標轉換成一個個可行的行

動方案，每天落實，持續檢討與改善。**做生意有一條最現實的天規，就是「成王敗寇」**。

用行銷策略引爆消費者的心理需求

發現好商機，掌握好商品，真的很好。可是，如何讓消費者主動來買，並很快轉換成足夠的業績，那又是另外一回事了。消費者跟你一樣，沒有想像中理性。你得先想想如何引導或推動他們來購買，是要一個一個慢慢賣？還是可以一次賣很多？

要想辦法引爆消費者的心理需求，也要讓消費者以購買來對企業投票，也就是銷售。行銷策略用講的都很容易，但到了銷售端就未必了。做生意不是談理論、打高射砲，行銷策略無法落實到業績上，對創業者就沒有價值了。厚度超過百頁的行銷計劃書，遠不如顧客付出的一疊鈔票有價值。

行銷策略像空軍，到目標顧客的上空轟炸一番，讓對方被炸到頭昏。你還需要陸軍上岸去攻城掠地，逐一掃蕩，把業績一個一個收進口袋。但門市的行銷可不能隨便亂炸，亂花廣告費。**沒有足夠的門市規模前，千萬要先顧好你的商圈客群。**

財報和現金，是創業者理性決策的基礎

創業老闆一定要學會財務觀念，也要能看懂基本的損益表、資產負債表與現金流量表。財務報表除了是你與投資人之間很重要的溝通工具外，更是你檢視經營成果的依據。生意好不好？哪裡好？哪裡不好？有沒有賺錢？哪裡賺錢？哪裡賠錢？看數字最清楚。

所有的營運計劃，最後都要把經營活動與結果轉換成財務報表，作為經營者與投資者決策評估的資訊來源。**財務報表要看什麼呢？要看你的毛利創造力、營收獲利結構，還有現金流量的狀況等，這是經營者理性決策的核心基礎。**

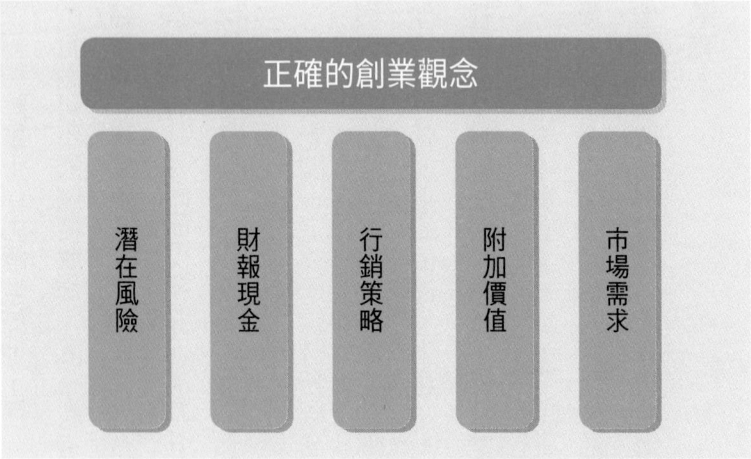

現金流量是創業很重要的財務觀念，**作為創業的老闆，一定要掌握好現金流量預估表**。清楚每月、每週會有哪些大筆現金支出，手上的資金耗損或累積狀況。最重要的是現金何時會進來？能有穩定的現金流入嗎？萬一手邊現金不夠，你該怎麼辦？可以短期不賺錢，但做生意一定要有一筆讓你安心的現金在手上。

該如何應對潛在風險？

做生意需要掌握商機，但是大

商機相對會有高風險。風險不能避免，只是有大有小。創業者需要有效管理風險，準備因應措施，並不斷提高承擔風險的能力。尤其是建置門市的資金，萬一店面開張後，營業收入無法達到預期，而營業前的店面承租、設計裝潢跟生財設備都投資了，想大改還不如做新的，代價會比你想像高。

創業小老闆，要知道怎麼管理投資風險，有可能消費者不買單、營收沒達到預期目標、資金不夠，或是生意才剛起色，就有競爭者提早加入戰局。關於這些問題，都要先想好因應對策，不能到時兩手一攤說你沒辦法，那麼這個賭注就太大了。我們是開門市，可不是開賭場的。

＊附錄一表1附有門市創業準備檢核表，供讀者自我檢測使用。

聽聽專業顧問怎麼說！

孫子兵法：「多算勝，少算不勝，而況於無算乎。」這些創業的重要觀念，都是小老闆在開店前要盤算清楚，免得勞民傷財，投資失敗，賠了夫人又折兵。

第2堂課

想成功創業，這些事你千萬不要做

「我們的創新產品擁有多項專利，商標也註冊登記了。我對產品很有信心，絕對是劃時代的產業革命，進通路一定會大賣。上次在一場研討會發表時，有兩位教授還特別來跟我討論技術細節。」

「下星期五晚上的創業聚會，你們會不會去？那個知名的飲料連鎖品牌創辦人張××會來耶。他的公司辛苦撐了七、八年，聽說資金差點燒光。最近突然被一家集團併購，現在可不缺錢了。而且，他還成為媒體名人，自己募了一大筆資金想要當創投天使。」

創業做生意的過程中，很多事情沒有標準答案。外部環境的變數太多，且多數難以預測與控制。想要獲得成功，往往需要大機運。而當大機運來臨時，也要你有堅強的實力能掌握。把所有前輩或大師所說該做的事都做了，未必會成功，但不努力一定不會成功。

創業要失敗，卻有很多脈絡可循。創業的潛規則不少，但多數都不是教科書上寫的那麼單純。**創業者的唯一方式，就是「應變」**。在前人的慘痛教訓中，仍然可以歸納出一些原理與原則來參考。

這些事不要做 1 在星X克想企劃案

燈光美、氣氛佳。在香醇咖啡與優美音樂聲中，才會文思敏捷且創意泉湧？**真正的企劃案，你該到現場去寫**，這樣企劃的內容才會有憑有據。在第一線觀察顧客想什麼、要什麼？對同類或替代性產品的購買習慣是什麼？如何才會注意到這類的產品？

為什麼有些產品不是最好，業績卻很好？真實的市場，不是你在寬敞舒適的星×克可以想出來的。企劃書內的資源整合，不是憑空想像要整合誰，誰就會給你整合。整合必須靠資源交換與適當的人脈去協商與談判。

這些事不要做 2 只會努力做產品

有好產品，不代表能成功創業。**要了解消費者真正想要的，做市場要買的產品，或是消費者沒預期到，卻能打動他心底渴望的產品**。否則技術再好，顧客不買帳或是通路跑不動，一切都白搭。好產品，往往敵不過顧客的舊習慣，尤其是以科技類的產品或服務創業，最容易掉入這樣的陷阱中。

有好的產品，也要能建立好的競爭門檻，如技術資料庫、顧客習性、通路與供應商關係等。而技術專利與商標註冊，都只是最基本的配備。對的顧客與對的通路，往往才能給好產品帶來更好的未來。把好產品賣好，絕對跟把產品做好一樣重要。

這些事不要做 3 頻繁參加創業聚會

坊間媒體、商務中心、育成中心、創業社團、管理顧問公司與創業公協會等，在創業這股潮流中大賺創業財。不少年輕創業者到處參加創業聚會，在社團中抱團取暖，罵政府、罵環境或罵大企業，卻不反省該如何精進。

總是在網路追隨創業明星領袖，想取得快速成功的祕訣，卻不願意改變自己。花在聚會與空談的時間，比花在產品與團隊內部的時間還多。如果只是為了創業而創業，那還不如不要創業。直接去企業打工，當一顆稱職的鏍絲釘還比較好。

這些事不要做④ 一畢業馬上就創業

創業不是為了逃避失業，也別怕找不到好工作丟臉，因而想先混一個創業CEO的大抬頭來自我欺騙。有好創意、好產品或好商機，當然可以創業。但與其花錢買經驗，更應該考慮上班拿薪水兼賺創業經驗值。甚至如果有在大企業內部創業的機會，也是美事一樁。

很多行業，等你擁有豐富成熟的職場經驗、行業知識與技術時再創業，可能會更好。創業，不需要趕進度，也永遠不嫌晚。休學創業成功的偉大英雄，其實只是鳳毛麟角，千萬不要去賭你的八字好不好。

這些事不要做⑤ 崇拜創業領袖

這幾年的創業風潮中，媒體捧紅了不少創業領袖。創業成功者的經驗與

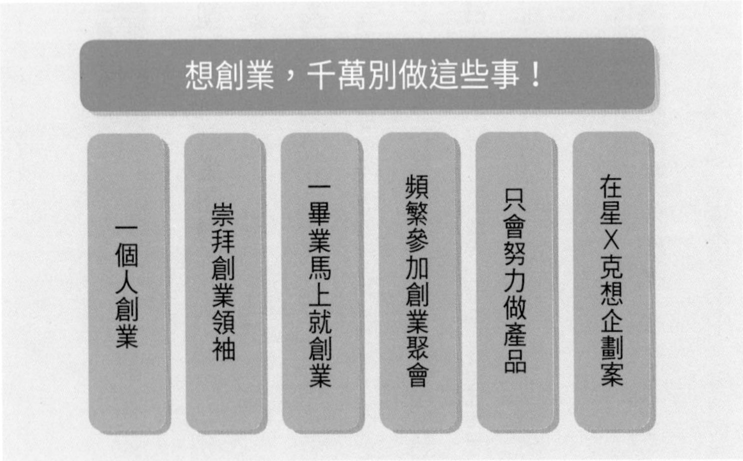

心態可以借鏡，卻很難複製。不少創意產品或創新服務，紅得快，流行退得也快。除了嘗鮮一族的初期購買外，往往後繼乏力，過幾年就消失在你我的目光中。

募資成功，是創業者背負沈重責任的開始，但往往卻被彰顯為創業成功的標竿。不但沒有順勢善用資金，紮穩根基以創造佳績，反而不斷上媒體曝光，誇言指導創業政策走向。更甚者，發現賺創業者的錢比創業好賺，進而把創業當成一個可以獲利的產業。

這些事不要做❻ 一個人創業

創業的基本條件，需要本人、本事與本錢。一個人再怎麼厲害，專長強項、時間與心力都有限，無法只是創業者的個人秀。**你需要有個可以互補的團隊來打創業團體戰。團隊中，一定需要有人擁有技術、業務與財務背景。**

在創業初期召募團隊時，需要靠創業CEO的願景、夢想行銷與個人魅力。多數創業者專注在產品與服務創新上，卻從未考慮市場接受度。若團隊成員尚未到齊前，創業CEO就該認命地扛上拓展市場與管理財務的責任。

聽聽專業顧問怎麼說！

創業不容易且艱辛，一旦走上了創業的道路，就像過河卒子，只能一路向前。創業的唯一有效理論，其實也就是：「摸著石頭過河。」

第3堂課

我該自行開店，還是選擇加盟？

「我們沒有開店經驗耶，這樣到處上課有用嗎？」

「我們去加盟××集團的早餐店好了，他們的口碑不錯，全台灣應該有五百多家門市，品牌形象也很好。上次看到網路上有人分享加盟經驗，看起來雖然賺得不多，但是發展穩定，成功機率也比較高。」

小梅跟安妮是大學時代的同窗兼好友，發現職場工作越來越不容易發展，因此想要創業。可是如果要創業，一般創業五年後，活下來的比例不到一成。兩個人就在煩惱，到底該自行創業，還是要挑個好品牌加盟。

連鎖加盟，看似比較容易創業，但加盟者傷筋動骨，賠錢失敗的人很多；品牌業者也可能因為收錯加盟者，而受傷吃悶虧。到底問題出在哪裡？

想要創業，你除了該知道如何開店經營外，關於連鎖加盟的基本觀念也少不了。

自行創業的機會與風險

自己創業當老闆，所有風險與利益當然都自己掌握。然而百分之九十的新創企業，在創業五年後會倒閉，風險很大。可是如果成功創業，名與利的報酬率，將遠高於上班打工的生活。

創業沒有完美計劃，要貼近市場去觀察，才能掌握需求，發展出市場能接受的產品或服務。當你的門市生意爆紅時，門庭若市，錢如潮水滾滾而來，讓你數錢數到手抽筋；門市業績如果能如此持續火紅上一年，你的生意基本盤就穩了。

但市場多變，消費者的喜好變化也很快；而且不管你賺不賺錢，可能沒幾天就會發現，另一家跟你商店長得很像的新門市，正打算開在附近。你贏了消費者，但也可能一夕之間，又輸給消費者多變的心，或競爭者的強烈企圖心。

加盟經營的限制與發展

連鎖企業的通俗定義，是指一群事業體，使用同一個店名、商標、CIS，且以共同模式來經營管理。無論是品牌形象、行銷手法、布置陳列、商品組合、作業系統、管理方式等，都是統一的套裝模式。

連鎖企業的品牌很重要，就像每家店都是同樣靈魂（品牌價值），卻複製了很多個身體（門市）。這也是麥當勞跟你家巷口傳統早餐店的差異。因此，加盟業者為了整體管理效益與顧客承諾，自然會對加盟店有一堆要求與規定。

理念形象與設計要用總公司的，設備工具也有標準規格，一定要進總公司規定的貨，產品品質與口味要符合公司標準等。為了整體品牌形象與價值，加盟店都會被品牌經營者要求遵守一定的標準。千萬別嫌麻煩，也別嫌總公司要賺你一手，如果真的找對加盟品牌好好做，你會發現加盟可能賺得沒有自營多，但卻比較穩。

總部與加盟店：互利共生的組合

總部與加盟店之間，本來就是團隊分工的關係。各司其職，在角色扮演上一起為品牌做最大的貢獻。人性都是自利的，但要合作才能互利又兼顧到自利。如果有一邊的態度或格局不對，這個連鎖品牌互利共生的生態圈，就很難長久。

總部因為加盟店的存在，可以擴大市占率與品牌影響力，增加管理效益、降低總進貨成本與提高穩定品質的能力等；而加盟者也因為品牌總部，而得到品牌知名度、門市籌備建置與營運的知識、穩定的進貨品質、創新產品的供應與擴大聯合行銷規模等效益。

總部、直營店與加盟店，就是攜手打資源整合連鎖組織戰的團體。一起賺大錢，少了誰都不會比較好過。加盟店如果不與總部配合，想穩定賺錢就會非常困難，而總部在規模變大後，如果輕視加盟店的價值與管理服務，就容易埋下隱型的品牌大地雷。

自行創業	加盟創業
風險高，報酬較高	風險低，報酬較低
貼近市場	同樣靈魂，複製身體
消費者多變	借力使力
互相競爭取代	合作把餅做大

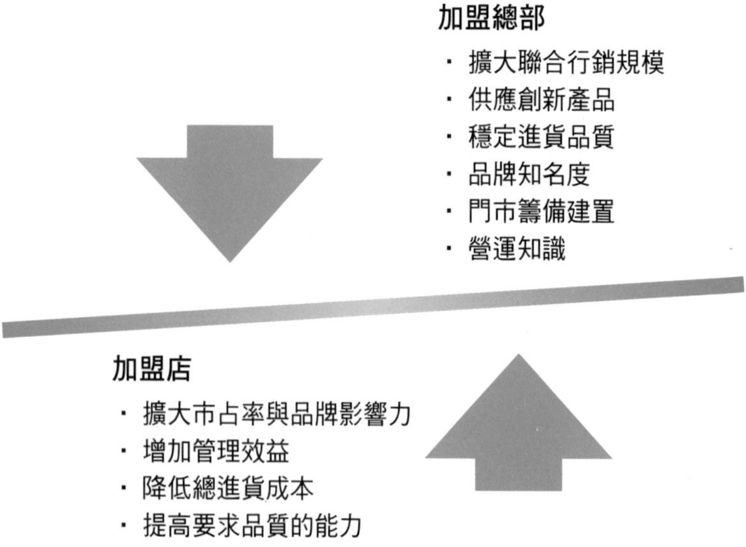

想要加盟開店，你該有的正確心態

加盟店的工作目標，無非就是業績、服務與品牌。因此，更要善用總部品牌形象、媒體行銷、專業方法、供貨品質與成本，以及人力支援等有價資源。福禍相依、牽手合作、借力使力，一起把品牌做大、做強、做賺錢。

在連鎖加盟品牌體系內，大家也要共同承擔品牌的利益與風險。一家加盟門市要做到擁有名氣及口碑，讓顧客與媒體對品牌印象加分，所有門市都可以雨露均霑，真正做到一家烤肉萬家香。但只要一家店出問題，一顆老鼠屎就可以輕易壞掉一鍋粥。

聽聽專業顧問怎麼說！

同一個優質的連鎖品牌下，會有不同加盟成敗，差異多在加盟者的觀念、紀律、方法與付出多少努力。連鎖，攜手共創未來。加盟，凡盡心努力者，得救！

第4堂課

我想要加盟開店，該如何選擇品牌？

「我們去加盟L集團的早餐店好了，他們口碑不錯，品牌形象也很好。我看我家附近的早餐加盟店，做得雖然辛苦但收入穩定，至少不必擔心失業。」「可是我覺得選A咖啡飲料品牌比較適合，他們品牌才創立三年，對加盟者一定比較照顧。」小梅跟安妮思考著該選擇哪個品牌來加盟創業。

一般加盟者經常以知名度、優惠與安全感來選擇品牌總部，然而真正該評估的，卻是總部經營者、連鎖品牌組織體質與雙方的相對條件。連鎖品牌經營者通常是評選的最主要因素，也最難判斷。正派的經營者不會看到錢就要你加盟，以經營者的觀點來看，如果選擇了不合適的加盟者，長期來講，只會對總部造成困擾與麻煩。

加盟總部的評選方式

比較適合用來評選加盟總部的項目，建議可以關注在品牌知名度、店數規模、產品口碑、產品開發能力、培訓服務、輔導支援、經營者理念與口

碑，以及投資者自身的資金條件等方面。

1. 品牌知名度

品牌知名度有助於門市的集客力，與消費者對產品品質的認知。但必須注意的是，若是短期炒作的加盟名牌，當流行退潮時，加盟店的業績壓力就會暴增。

2. 店數規模

店數規模代表著總部較易產生營運規模的經濟效益，也對市場具有較高的影響力。但要注意總部自有的直營店是否真的有獲利，部分直營店雖然門市擁有爆滿人潮，其實租金過高或服務人力過多，導致不易賺錢。此外，若是加盟店數在短期內暴增，總部的營運穩定度可能也會減弱。

3. 產品口碑

無論品牌如何包裝，產品才是顧客購買的根本，也代表著品牌對顧客的承諾。一個有特色的產品，或許不會每個人都滿意，但若是有一群人討厭，那就要好好評估一下了。

4. 產品開發能力

新產品是刺激門市集客與業績活化的要項，總部要有能力開發更多市場能夠接受的產品，強化產品組合的吸引力，協助門市創造更多業績與利潤。

5. 培訓服務

有能力協助加盟者在短期內快速學會製作產品與使門市順利營運，並有系統性的教材與培訓方法，持續提供強化經營能力的培訓能量。

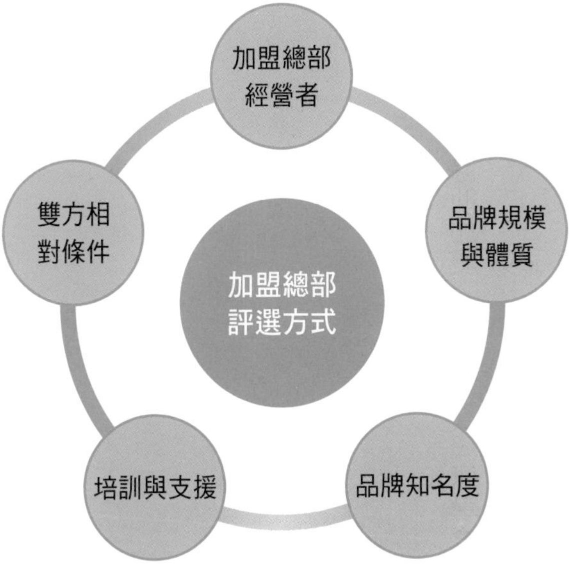

6. 輔導支援

門市要專注在業績創造與顧客服務上，總部要能定期指導並提升加盟店的經營實力，以及支援原物料、商品、備品與耗材等。

7. 經營者理念與口碑

一個加盟總部的品牌理念、策略發展與團隊文化，都與經營者個人息息相關。總部經營者的個性，若習慣開疆闢土打江山，就容易忽略穩固江山的重要性。

8. 你的資金條件

如果以上評估條件都符合你的理想，這樣的加盟資金門檻通常比較高，相對來說，你的加盟議價談判條件也會相對比較弱，務必量力而為。

選擇加盟品牌的迷思與地雷

以下提供幾個常見選擇加盟品牌的迷思與地雷：

1. 展場的規模與聲勢

無論是台北世貿中心的春季連鎖加盟大展，或是海外的國際連鎖加盟展。聲勢越壯大，品牌總部卻未必越強。真正有實力的經營者，反而低調務實。生意那麼好，還需要花大錢在每個展場上吸引人來加盟？千萬別被展場上漂亮的解說女模與氣派裝潢影響了理性。

2. 羊毛出在羊身上

提供加盟者再好的優惠跟贈品，都是行銷的釣餌。差別在於你是大魚，還是小魚。天下沒有白吃的午餐，重點還是要找到對你有幫助，能踏實做生意的夥伴。大送創業金，多數是想綁長期賺原物料的供貨費用。零加盟金，只是要拉更多人跳進來，壯大他的品牌規模。

3. 店數多且規模大

務必先去直營店或加盟店現場，在離峰與尖峰時間好好觀察。如果連總部投資經營的直營店狀況都不好，加盟通常也穩不到哪裡去。加盟店數多，可能只是長期累積的店數，但真正還在經營的加盟店有幾家？幾家生意好且賺錢？實際到現場看最快。

4. 保證投資回收

如果總部能保證加盟店投資能夠回收，那他開直營店自己賺就好了。加盟是個合夥賺錢、借力使力且共同承擔風險的生意模式。若總部堅持可以保證，那就請他們把保證寫在加盟合約中，並要求未履約時的加倍賠償，你看有幾個總部老闆願意寫給你。

***附錄一表2附有加盟品牌選擇檢核表，供讀者自我檢測使用。**

聽聽專業顧問怎麼說！

創業的道路，雖然有著夢想、財富與名氣，但也滿是弱勢、幻想與資訊不對稱。當你懷抱著夢想選擇加盟品牌時，切記要停看聽。

第5堂課

想開店創業，你該具備的經營能力

開店創業，剛開始老闆就要自己學習當一個合格的店長。門市店長，其實就是在門市裡當校長兼撞鐘的人。

傑夫是一家連鎖汽車保養品牌的門市店長，當了店長才開始學當店長。像八爪章魚一樣，從業績、帶人、服務、進貨、採購、庫存、清潔打掃到基本維修，什麼都要會、什麼都要管、什麼都要想辦法。說真的，店長這份工作，比在辦公室當主管還不容易。

當店長要看大，如商圈、競爭、行銷策略；也要管小，如清潔、服務與員工情緒。營業時間長，扣上責任制的帽子，除了大過年外，基本上不是在店裡工作，就是在家備戰。培養店長不容易，光靠理論不夠，還要累積實戰經驗，更重要的是要有熱誠服務與負責的心。

門市店長要達成期望的業績、服務、品牌與獲利的目標，更要兼顧到人、事與錢的管理。需要門市軟實力，如具備負責、毅力、耐心與親和力的人格特質，要對人性有深刻的了解，且能掌握現場氣氛與領導團隊的能力。硬實力則是指在行銷業績、現場服務與營運管理的能力。在坪效與人效的高產出下，達成績效目標的效益。

無論你是餐飲、商品流通、文教服務或其他專業服務類的創業，在門市都至少需要以下三種經營能力，包括行銷業績、顧客服務與門市管理。不然，就算你拿到ＭＢＡ學歷，到了門市也是充滿挫折。

開店創業需要的經營能力❶行銷業績

已經建構好的門市硬體，除了藉由選擇好地點來引導商圈客群外，想增加業績，就要藉由空間氣氛、產品與服務等變化，刺激顧客消費。提升門市新鮮的氛圍與價值，有很多面向。創新活潑的布置、陳列與活動，都可以刺激消費者的新鮮感，提高來客數與購買率。

門市店長要針對顧客與商圈競爭狀況，擬訂行銷策略，主動行銷。以多元豐富的促銷活動，來提高集客力與顧客購買意願。別只守在門市裡「顧店」，你該主動出擊，顧客沒來，就換你走出去。多跟商圈裡的社群互動，提高顧客對你的認知程度。

好品牌跟好口碑，能提高顧客的購買欲望，但門市競爭已經不只是傳統同業競爭或替代品了。以前做餐飲，要分析的競爭者是早餐、中餐、西餐、快餐、速食或簡餐，現在的競爭者卻是規模龐大且方便明亮的便利超商。為了提振門市士氣，也別忘了規劃銷售獎金、績效獎金與總目標達成獎金。

開店創業需要的經營能力❷ 顧客服務

顧客滿意的服務品質，非常主觀與個人，需要工作團隊用心地對待。找到對的員工，就會比較輕鬆。對的個性與對的態度，培訓起來也比較快。個性很難靠一次面試就確認，需要從工作的實際互動中了解與掌握。店長以身作則與適時激勵，更能夠有效引導團隊。

有效的培訓，不能光靠上課背書。門市培訓比較有效的方式，是由資深員工陪同做中學。**前輩的口訣是：「我說給你聽，我做給你看，換你做做**

看。」我告訴你觀念與知識，親自示範給你看，然後再由你做，我再來糾正與調整，讓你下次做得更好。

門市營運，本來就是非常耗費體力且辛苦的工作。團隊要能樂在其中，顧客才會滿意。顧客滿意與信任，會提高推薦與續購的意願，也才是長期業績的來源。一間裝潢豪華的店沒什麼，但一家店擁有許多忠誠顧客且集客力高，就真的很厲害。

開店創業需要的經營能力 3 門市管理

店長在營運管理上，除了扛業績賺錢外，要做的事情還真的不少。包括員工班表、薪資獎金、商品進銷存、行政總務與會計財務等。排員工出勤與休假班表是一門大學問，能做好離尖峰時間的人力安排調度、全職與兼職員工的搭配，對服務產能與成本控管是很重要的大事。

店長還要能針對門市經營成果，做好業績與損益數字、商品銷售與庫存

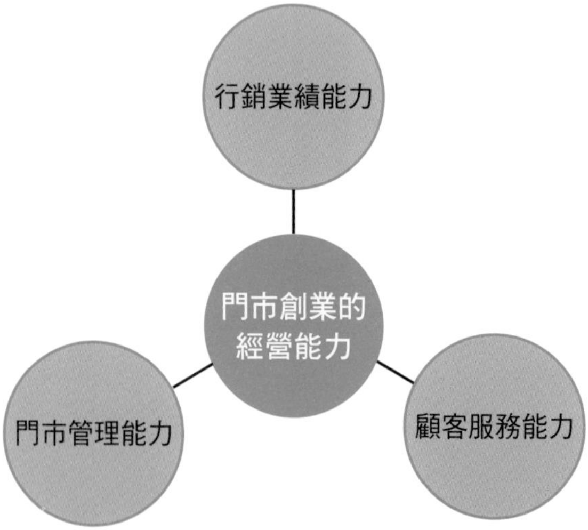

分析管理。數字會說話，但也可能說假話。看報表要懂得分析思考，是哪些思維、決策與行動，才形成這樣的報表結果，之後再去決定後續的具體改善行動。

員工培訓要著重在態度觀念、商品知識、服務手法與銷售方式，要盡快讓生手變熟手，熟手變主管。**門市培訓最有效的方式，是在門市現場實作**。除非你有本事讓營運規模化且科技化，不然多數兼職生手，遠不如熟手創造的價值高。

＊附錄一表3附有門市投資檢核表，供讀者自我檢測使用。

聽聽專業顧問怎麼說！

行銷業務、現場服務與營運管理，是門市必備的三種經營能力。要在有效提升顧客價值的前提下，不斷強化服務與營運效率。沒有最好，只有更好！

第6堂課

開店創業，你可以善用的資源

當初沒想到要買這個設備，現在又要花錢了，不買好像也不行。以前在大連鎖品牌工作時，公司有大規模的採購量，成本便宜。現在是小店，進貨成本高出不少，除了要付薪資，還有勞健保跟銷售獎金。新舊人交接期間，薪水等於兩倍，用人的成本還真高。

錢真的不好賺，一門新生意很難預測。在創業開始，是否就要花錢投入資源，往往也會讓創業小老闆掙扎不已。

以下要介紹的開店創業資源，多數都是免費的。在創業初期，建議小老闆先用免費資源。但哪天用量大了，或是你需要進階專業服務時，就請自行付費或付出該有的代價囉。

店面籌備期的相關免費資訊

在規劃籌備期，你最需要的是市場資料或行業資訊。當然，如果你不熟悉這個行業領域，更要學習相關的專業資訊。以下六種方式，是可以讓你找到相關資訊的方法。

1. 政府調查資料

經濟部相關單位如中小企業處、商業司、工業局與國貿局等，每年都會委託很多非營利組織，如協會、公會、研究單位或學校等做研究，這些調查分析資料都可以去公部門的網站搜尋參考。

2. 圖書館

可以找到很多行業的相關資料、書籍與雜誌期刊，尤其是碩博士論文裡的含金量可比你想像得多，現在比較新的論文都可以在網路上的碩博士論文網站〔註：請參考臺灣碩博士論文知識加值系統，網址：https://ndltd.ncl.edu.tw/〕下載。如果圖書館找不到相關書籍的資料，就請自行購買。一本好書，可以買到作者累積多年的經驗與智慧，怎麼算都划得來。

3. 大學及研究所

不少大學生或研究生的專題報告，經過老師要求後，在資料蒐集上都花了不少心思。到相關科系或老師的教學網站上，就有機會找到資料。不少認真的老師，會把學生製作的專題報告放在網站，提供大家參考。

4. 免費培訓課程

政府出錢找學有專精的講師，委託公協會或大學育成中心，開辦了不少創業培訓課程。你所在的地方應該也會有社區大學，或開辦了不少有職業專長的培訓課程。

5. 網路專家文章

網路有不少創業名人寫的文章，請參考有實戰經驗背景的人所寫的資料，這樣才不會被誤導。另外，也請注意，文章觀點與看法多數都跟作者經歷和背景有關，可以拿來借鏡參考，但別囫圇吞棗，直接照抄。

6. 自己的雙腳

請親自去市場跑，任何資料都不如到現場感受的第一手資訊有用。現場，是指門市、顧客、經銷商與展場等。

行銷推廣的免費資訊

新門市需要做好行銷，塑造好的集客力。網路上有不少免費資源可以幫你強化行銷，網路上也有不少好心人提供教學影片。另外，書店也可以找到相關的專業書籍。

另外，面試員工時，也別忽視年輕人的能力，他們可能比你花錢找到的專家還要強。以下是最近在市場上常用的網路行銷資源，入門免費，進階就要付費囉。

1. Facebook

目前使用Facebook對品牌知名度與顧客，比傳統廣告的經營效益高出許多。尤其現在手機滑經濟盛行，可以經營相關社團、粉絲團，還可以下廣告推廣。

2. WeChat

若你有發展大陸市場，這個就是網路經營的重點。這個領域跟台灣差異很大，請花時間研究或找專家諮詢協助。

3. Instagram

年輕人喜歡拍照後在這個社群中分享，對話題產品或特色店面的推播效益非常強大。

4. Google

SEO關鍵字廣告，需要自己摸索或找有經驗的年輕人協助。它的部落格服務Blogger，也可以直接運用來當成你商店的品牌官網。

5. Line@

Line@可以用來經營顧客群，不管是潛在顧客或已經購買的客群都可以。但別亂發廣告，要長期發有料的資訊去經營顧客，才會有黏著度。

6. 政府活動

政府為了協助產業行銷，會不定期委託許多單位舉辦各類的展覽會、拓銷會、展售會、本地商展、本地國際展或海外展。部分免費，一部分有提供補助款。

異業合作，借力使力

創業初期，時間、精力與現金都是非常寶貴的資源。能找到沒直接競爭關係的異業合作，彼此交換資源，共同發展，是很不錯的事情。彼此可交換的資源有很多種，包括客源、知名度、人力、產品與空間。而共同發展的方式，主要可以集中資源合力造勢，塑造更高的影響力。

1. 商圈策盟

彼此共同合作，以各種方式來發展集客力，大量聚客讓大家共享。在台灣的美食夜市、五分埔成衣商場、台北市光華3C商圈、西門町電影街等，都是類似的案例。

2. 引力借力

商圈周邊有集客設施，如跟著知名大店、大百貨或連鎖門市的活動步伐走，順道辦活動。如果這些店開在你店面的隔壁，更可以分享集客效果。如東區的SOGO忠孝館與微風廣場，就給周邊商家帶來不少集客效應。

3. 活動合作

你開高級大餐廳，我做國際知名禮品。你辦活動，我提供贈品，但現場要讓我曝光。如果有銷售業績，再讓你抽成。或是雙方在第三地合辦活動，也可以共享潛在的客群名單。

營運管理的免費資源

一家門市在營運上的事情，可是多如牛毛，但人手跟資源卻很缺。其實有不少資源可以善用，讓你便利省時。

1. 網路銀行

跟你來往的銀行，多數都有提供網路銀行服務。廠商匯款、薪資轉帳與票據管理等，還可以直接線上記帳。若是做B2C〔註：Business to Customer，零售電子商務模式，也就是常見的電商平台〕直接對消費者，你還可有線上金流服務平台，讓顧客可以方便安全地刷卡付費。

2. 用 Google 管理日常行政

Google上的電子信箱、待辦事項、個人或共用行事曆、會議記錄、雲端文書處理軟體、照片儲存、雲端資料庫等個人帳號，通通不用錢。等有進階需求，再付費購買。

3. 內部人脈

要懂得開發內部人才，深入了解並挖掘員工過去的工作經驗、行業經歷、專長與興趣。尤其是年輕員工在念書時的社團或參賽經驗，包括執行活動企劃、主持、美編或帶團康等，往往會讓你挖到寶。

開店資源
規劃籌備
行銷推廣
異業合作
營運管理
政府調查資料
圖書館
大學及研究所
免費培訓課程
網路專家文章
自己的雙腳
Facebook
WeChat
Instagram
Google
line@
政府活動
商圈策盟
引力借力
活動合作
網路銀行
用 Google 管理日常行政
內部人脈

聽聽專業顧問怎麼說！

在不同的創業階段，你不用什麼都花現金。現金很重要，一定要做最壞的打算，能不花錢就不要花。珍惜每一塊錢，你才是一個合格的生意人。

第7堂課

事業要成功，沒有特效藥

「陳老師，今天是我聽過最好的一場演講，你真是超厲害的。」應邀到中部做了一場創業演講。在這群年輕創業者裡，阿明看起來比其他同學成熟，但真的是狗腿學生一枚，無誤。

「我從高中時代就想創業了，之前失敗過一次，最近又捲土重來。可惜沒有早點遇見老師，不然五年前那次創業，一定會成功，也不用賠那麼多錢了。」

我一邊禮貌地回應他，心裡同時嘀咕著：「想太多了吧，創業如果有保證成功的特效藥，我幹麼那麼辛苦在這邊演講？早帶家人去歐美雲遊四海，天天happy去了。」

職涯市場的趨勢

想要工作穩定有保障？現在連軍公教都沒那麼好命，真的想太多了。半數以上的大學面臨招生不足，部分大學更是面臨關校裁撤的大危機。公務人員現在能每天準時上下班的，也越來越少。不打仗的承平時期，其實多數軍人跟公務人員差異並不大。

在大企業的後勤幕僚，紛紛被資訊科技替代。想要發展，就會被要求到市場上參與競爭。曾有金飯碗之稱的銀行工作，越來越像壽險業，年輕人全被趕去門市或市場賣商品，拚命搏業績。**創業型的社會來臨，創業已是職涯發展的一個必要選項。**

在企業內部創業，幫資本家打天下，期望變成打工皇帝，共享天下。倘若不是富二代，沒長輩罩你，就從微型企業開始創業，磨鍊自己成為經營者。企業經營者與打工皇帝，都是事業成功的選項。領先市場者，對上現今市場的領先者。誰輸誰贏，都是未定之數。

怎樣的人生代表成功？

對你而言，人生要怎樣才算成功？不同世代，往往靠著不同的標竿人物來定義，引領不同的價值觀。不過，人生是你的，不是爸爸、媽媽或老師的，也不是偉人，更不是名人的。擁有龐大財富、無敵的事業、享受人生、濟世救苦、實現自我或浪漫愛情，都是由你自己決定，沒有好壞對錯。

反正，來也空，去也空。只要生命終盡時，不要後悔抱怨：「早知道那樣做，人生會更好！」事業成功的定義，也沒有標準答案。教科書裡寫的股東報酬最大、個人財富累積最多、擁有最大影響力、成為最有名的人、高理想性的社會企業，沒有什麼不可以算是成功。

佛印說的，江上風帆點點、往來匆忙，無非名利二字。成為名人，還是成為自己，這是你的選擇。你的決策，就是你的責任，得要自己承擔。事業成功，不代表就有成功的人生。如何定義成功很重要，讓自己花點時間，在夜深人靜時，獨自想想吧！

事業速成的特效藥

創業說難也不難，小企業跟小店只要簡單聚焦，想賺點錢活著並不難。但要活超過十年以上，進而成為永續經營的品牌事業，那就真的很不容易。這些難，都難在花大錢也無法解決的價值創造上，包括品牌、文化、團隊精神、通路信任、供應商關係與經營團隊等。

台塑前創辦人王永慶被稱為經營之神，可以複製嗎？鴻海集團的企業帝國可以複製嗎？天時、地利與人和中，大環境的「天時」條件無法複製。天時，讓機會與風險相生，也讓人的際遇難以預測，可以掌握的只有自己。做生意，膽識最難。沒有承擔風險的意識與夠強的實力，就難以掌握商機。

就近觀察成功的創業家，都一定具備聰明才智與拚勁。而經營者不但要擁有高度熱誠與理想，最重要的是，他們都想擁有跟別人不一樣的人生。不要再找特效藥了，特效藥都有副作用。事業成功只有原則，沒有法則與保證。你需要改變觀念、改變習慣且主動出擊。

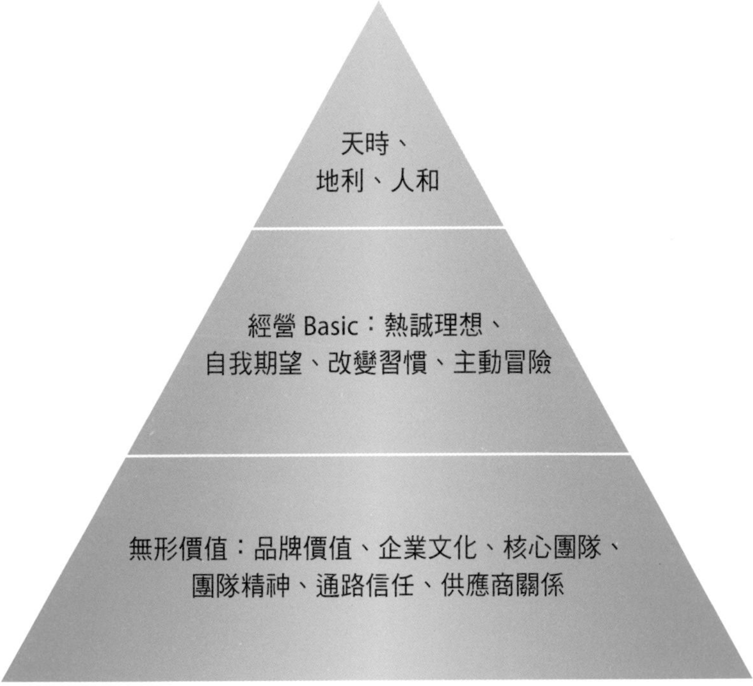
天時、
地利、人和
經營 Basic：熱誠理想、
自我期望、改變習慣、主動冒險
無形價值：品牌價值、企業文化、核心團隊、
團隊精神、通路信任、供應商關係

聽聽專業顧問怎麼說！

只有 basic，才是事業成功的 magic。

第8堂課

開店創業該閃避的地雷

在打算開店創業前，你該先搞清楚幾個正確觀念，免得誤踩地雷。無論大地雷小地雷，這些問題最終都會造成錢收不夠、錢投入太多或手邊不夠錢等問題。地雷小點，頂多讓你辛苦經營，但如果碰上大地雷，可是會炸得你屍骨無存。

商圈選點

選擇對的商圈與對的地點，是開店創業的超級大事。以台北市為例，主要熱門商圈，大概是指天母商圈、南京商圈、台北車站商圈、西門町商圈、東區商圈、信義商圈與公館商圈等。

選到好的立地條件（註：因地點環境因素而存在的不同差異），**生意就好做**。一般來說，會考慮周邊的人口密度、目標客群規模、周邊競爭狀況、交通動線與集客能力等。店面的格局、空間、租金與使用法規，也都是重要考量點。

熱門商圈看似人多地點好，但租金可能很高，如果有好的規劃與生意還能勉強划算。可是當生意不好時，高租金加上不易降下的人事成本，就會成為你的致命傷。

部分看似不熱門的商圈，現在因網路與交通便利，可以延伸擴大成更廣的無形商圈。另外，有些厲害的特色店還是能夠吸引到目的性購買的客群。

量體規模

小店在尖峰時段不夠坐，大店在離峰時段養蚊子。依據經驗值，情願門市在尖峰時段讓顧客排隊，也不要因量體規模過大，造成太大的成本負擔。氣派大店，生意好時很開心，但離峰時段與淡季的成本虛耗，會讓你的心情變得很不美麗。

有時候空間規模安排，要看你期望的客單價。沒經驗時，別玩太大的店。可以等到賺錢，再去開一間更大的店。有時單價不高的小型特色店，就可以在期初規劃未來要如何發展成品牌連鎖店。

特色產品

別陷入自己的理想世界，研發產品要能符合一群穩定且有購買需求的顧客。品項也別太多，重點在賺錢，不在於比賽品項數，有獨門拳頭產品（註：Hit Products。指有助於提升競爭力，促進經濟效益的產品）比較重要。門市商品組合很重要，「名品」與「常用品」往往具有吸引顧客的作用，等顧客進門後，再去帶動其他產品的銷售。

如果做商品代理經銷或通路連鎖，則是比誰的採購力與企劃力強。能採購到成本低且好賣的貨，生意自然好。誰的企劃能力強且集客力高，業績就容易達標。倘若是餐廳門市，更別把菜單搞得太複雜，創新或獨門菜很重要。沒有大資本與大規模前，就別輕易走低單價。

形象定位

很多創業者會被「定位」兩個字混淆，搞到生意難做。你可以形象鮮明，但別把客群定位得太狹窄。千萬記住，消費者不會照三餐來光顧，多數也不會天天來消費，你需要更多更廣的客群來支撐你的店。

一家新店面，一定要能讓消費者在經過時，第一眼就看到。更重要的是，要能吸引顧客進門消費、累積口碑、促進再次回購，進而向親朋好友推薦。如果你以年輕族群為目標，那網路口碑的傳遞效益會最快。

門市品牌形象，包括你的形象設計、LOGO、命名、招牌、空間裝潢設計、菜單、DM、店卡、產品包裝、提袋與官網等，在顧客第一眼看到直到消費離開後，都要讓我們的品牌形象深刻地烙印到他的腦海中。

設計裝潢

門市的裝潢設計，好用比好看重要。初期就要考量未來營運的需求，包括耐用、好整理、容易清潔與維護保養等。投資過多硬體往往是浪費。一般建置門市的資金預估最多三年內要能回收，如果投資過多，業績再好都難以回本。

裝潢設計要考慮形象特色跟空間格局，客單價高，可以提供舒適的空間感。若是營運要增加週轉率，那現場看似擁擠，反而有點熱鬧，不是壞事。有關營業的準備、接待、消費、結帳、離場等動線安排，都要列入考量。盡量找有經驗的廠商協助，光是選對材料與設計方式，對資金與成本維護，都會有不小的影響。

特色小店

消費者很容易喜新厭舊，加上競爭門檻低，單一小店不管多有特色，都會越來越難存活。有些老店能夠存活，多數不是早累積足夠客群，就是店面是自己的，少了租金的壓力。

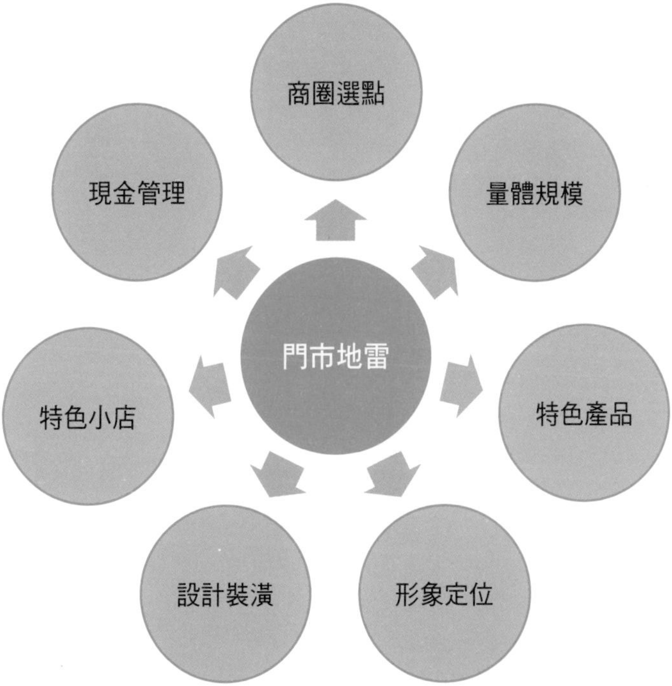
商圈選點
現金管理
量體規模
門市地雷
特色小店
特色產品
設計裝潢
形象定位

未來的門市發展趨勢，不是有規模的大店，就是小店的品牌連鎖。若你缺乏經營經驗或只有小資金，建議還是先開小店。等未來生意做起來並賺到錢，再考慮換開大店或發展連鎖品牌。

現金管理

硬體投資別過度，對營收預估則要保守。顧客不會一次塞滿你的店，更不會天天到你店裡消費，讓你的店時時或每天客滿。新品牌店面，往往還是要撐個三到六個月，才會經營出穩定的客群與知名度。

小店先別管會計上的折舊攤提，直接就用現金管理。手邊的錢與銀行存款，就是最直接的現金。盡量收現金進來，盡量少花現金。假設你的淨利是百分之二十五，也就是獲利二十五元，你需要做四倍，也就是一百元的業績。換算來說，你花十萬元，就要做四十萬元的營業額才能打平。省錢簡單，還是賺錢簡單？你自己選。

聽聽專業顧問怎麼說！

富貴險中求。小地雷只是受點小傷，無妨。但都告訴你那邊是大地雷了，就請務必小心地跨過去。

“

開一家店，我們會從概念規劃開始，考量這門生意該怎麼做。也就是說，先思考顧客是誰、店面要開在哪裡、打算賣什麼、價位大概多少、店面裡外長什麼樣子、要找什麼員工、適合用哪種營運方式及需要多少預算。用這樣的模式，描繪出店面輪廓。

”

第二學分

我想開店當老闆，該怎麼做？

第9堂課

店面規劃的九大重點

「我們打算找店面開店，老師你有建議的地點嗎？」

「你們想好要開什麼店了嗎？」

「以前想要開咖啡店，但競爭看起來很激烈，應該不好存活。最近開始流行早午餐，上班族、學生跟社區家庭都是客群。老師，你覺得呢？」

開一家店，我們會從概念規劃開始，考量這門生意該怎麼做。也就是說，先思考顧客是誰、店面要開在哪裡、打算賣什麼、價位大概多少、店面裡外長什麼樣子、要找什麼員工、適合用哪種營運方式及需要多少預算。用這樣的模式，描繪出店面輪廓。

比較實務的方法，你也可以參考同類已經經營成功的店面、標竿店，或是從不同行業學習，了解可以借鏡的地方，進而調整並改善自己的店面。

你的顧客是誰？

門市大門，在營業時間都是敞開的。顧客最大，你開店做生意的首要目標，是讓顧客把錢從口袋裡掏出來消費。願意付錢的顧客，我們都尊重且歡迎。但希望吸引到「對的顧客」，也希望提供的價值能讓顧客開心滿意。

規劃初期，需要評估預定開店的商圈中，目標客群的特性與消費習性，來規劃門市屬性與產品類別。學生、上班族、白領、女性或家庭，都是不同的簡單客群分類。你的品牌形象、門市特色與產品組合，都會影響到吸引的客群。找到對的顧客，生意好做，利潤相對也會提高。

店面要開在哪裡？

根據你選擇的業種，也就是產品類別，如美容、餐飲或百貨等；還有業態，如攤車、外帶店、內用店、百貨櫃或百貨店等，開店方向會有很大的不同。基本概念與原則差異不大，門市要選擇座落的商圈，首重立地條件。商圈的主要客群特性、作息習慣、交通狀況、地標、集客設施、租金行情、商圈未來發展趨勢、競爭店與替代店等，都是評估的基本要項。

之後，也要假設你期望門市的基本條件，包括座落位置、人潮方向、租金範圍、法規要求、空間大小與格局等。好地點不好找，不是你想要就有。有些熱門商圈或百貨專櫃，都要排隊候補。目標客群是上班族，多數要挑捷運站或公車轉運站附近等交通便利的地方。

你要賣什麼？

選擇產品與服務，盡量要在你熟悉或有興趣的範圍。有經驗，開店進展就快；有興趣，就能專注用心。

如果你只想開一家店，可以考慮極具獨特魅力產品的單一特色店，產品的毛利才會高。若要開連鎖店，太有特色問題就大了。以餐飲連鎖來說，好吃的難連鎖，連鎖的多數不好吃。美味的料理，多數都需要師傅極佳的手藝，師傅的養成難，留人更不易。能連鎖複製的，多數是需要加工或半加工的製程，美味比不上人工。飲料、甜品、炸物及一些銅板美食，製程簡單且容易標準化，自然有機會發展成加盟授權的營業型態。

價位大概多少？

定價，是行銷中的大學問，而且要搭配產品的組合來設計。定價理論很多，但在連鎖品牌中，多數是依據目標客群、競爭品牌、標竿品牌與成本結構等變數為準，評估彼此的差異與競爭策略，再去調整。

同樣的產品，初始定價很重要，訂了就不能隨便降價。降價，就不易再調高。在連鎖加盟品牌體系中，多數要靠開發新產品或調整產品組合，來重新調整整體的價格策略。體驗品價格通常不高，用來帶新顧客；競爭品拿來打同業或替代品；拳頭產品是賺錢的主力；新產品則拿來刺激與活化生意。

店面裡外模樣

店的門面是給顧客的第一印象，進門後就看空間、格局、設計、設施、客群與氣氛。之後，很快就進入產品或服務的定位與價值感了。不同的店，規模大小當然會有不同規劃與設計，要整體評估後才會定案。

當你在設計店面時，別一開始就丟給設計師。要有自己的想法，等輪廓架構都具備雛型後，才能讓設計師發揮專業。如果沒有規劃和建構店面的經驗，最快方式，就是深入市場去蒐集市場標竿店或模範店資料，再依據到手的資料，提出期望與想法。在設定投資預算下，跟設計師討論出設計初稿。

找什麼樣的員工？

門市通常比較辛苦，要在店面工作，沒有吃苦耐勞的特質或認知，通常都做不久。門市工作，顧客最大，但也多元多類。EQ不好的人，很難在門市發展。有經驗的人，首重工作態度。沒經驗的，首重個性。門市的專業知識與技術，只要用心，都可以培養累積。

店長是門市的重要職位，工作範圍廣。門市的大小事，全部都算是店長的事。有再大的店，沒有好店長也是白搭。店長不好培養，培養好的，容易被挖。挖來的，又不容易留下來。

剛開第一家店，就算你找到了店長，身為老闆的你還是要當那個最大的店長，一定要親臨第一線做過一輪。尤其是業績與獲利，更是老闆的首要任務。如果未來要發展連鎖加盟品牌，你若沒有徹底了解門市如何做生意賺錢，以後要如何進行？

哪種營運方式？

針對顧客的服務方式，可以有自助、半自助，主動、被動服務，或科技設備的點餐服務。門市的營運型態，有攤車、街邊店、外帶店、內用店、臨時櫃與專櫃等。一般來說，高單價產品或較高級的店，針對有能力消費的客群，自然會提供主動高階的近身或桌邊服務。高階服務不只是空間設備的感覺，員工的服務素質與方式更重要。

要發展連鎖經營的型態，除了提供很多顧客自助的方式外，還要靠大量工具與設備，降低服務品質的影響變數與營運成本。

需要多少預算？

投資門市的預算，牽扯到目標客群的期待、同業競爭的行規水準與資金財力。投資預算除了門市的硬體裝潢、設備、原物料、生財器具、備品與布置物等，還要準備人員薪資，以及未來至少半年的營運週轉金。

有經驗的設計師，會根據你的需求，幫你推估出一家店的行規預算。但也別忘了，店面設計不是越高級越好，投資預算也不是越多越好。沒本事賺錢，憑什麼花那麼多錢？沒經驗的創業者，很容易低估預算。導致在營運時，因為變更規格或追加項目，使得準備金變得不夠。

如果是加盟連鎖品牌，就不用太擔心硬體預算，總部通常會有標準店的預算規劃。但提醒你，生意好，不代表錢好賺。當月有賺錢，不代表企業賺錢，更不代表投資已經回收。

取個好店名

開店做品牌，店名或品牌名稱是大事。通常取的名字要簡單、好記且有好的含意。至於需不需要給大師取名，就看個人價值觀與喜好了。如果未來要發展成連鎖加盟品牌，品牌名稱的考量更多，通常會搭配LOGO、商標與形象物品來設計。

此外，註冊連鎖品牌也要考慮法律的限制，如台灣、第一家、玉山與台北等文字類名稱，都是大家熟知的，想註冊成商標，現在已多數不會通過，大多會以圖像或沒有意義的名詞為主。

以上，就是店面規劃的重點，接下來，讓我們談談如何評估店面投資。

＊附錄一表4附有門市籌備檢核表，供讀者自我檢測使用。

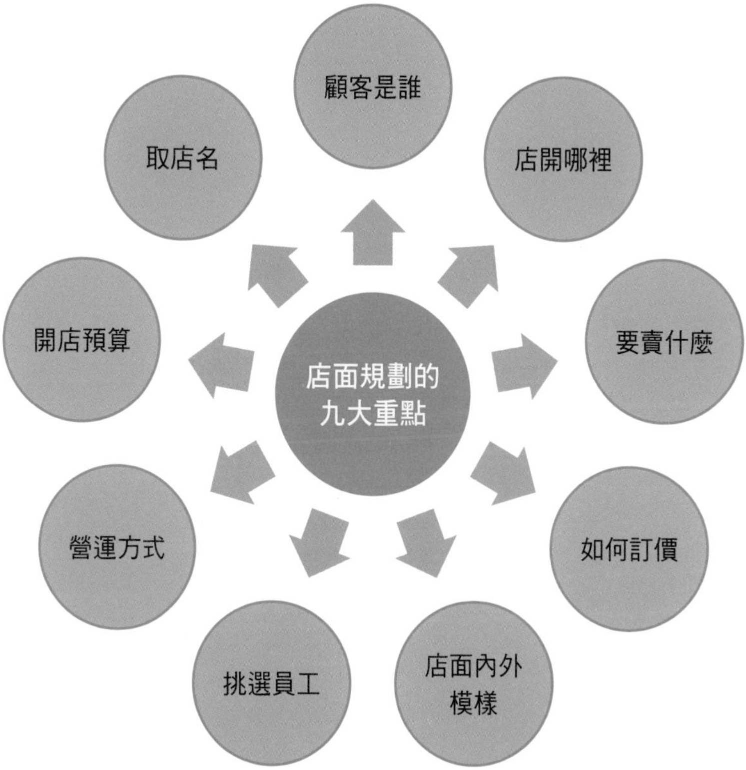
店面規劃的
九大重點
顧客是誰
店開哪裡
要賣什麼
如何訂價
店面內外
模樣
挑選員工
營運方式
開店預算
取店名

聽聽專業顧問怎麼說！

開店創業，要站在巨人的肩膀上。

百分之八十靠前人經驗，百分之二十靠你的努力與創意。

第 10 堂課

如何估算開店需要的資金？

「我們預計在板橋車站附近，開一家有內用區的咖啡店，資金約需要新台幣三百萬元，應該夠吧？」妮娜回答大股東，也就是她爸爸提出的問題。

「什麼叫做應該？你們有估算細項了嗎？應該寫下來，才能好好檢討與評估。三百萬元投資額，等於百萬年薪高階主管要不吃不喝三年才能存到。但這些錢對投資門市來說，真的不算什麼，必須仔細規劃與運用。」

正確的資金運用觀念

投資是為了賺錢。每一塊錢，都應該花在可以賺錢跟累積品牌價值的地方。你不是要蓋一家最好的店，而是要投資與經營一間能持續賺錢的店。生意好，會有人競爭。生意不好，賠的往往會比你投資的還要多。

一般我們會在資金額度、可選地點、市場競爭與消費者習性等限制條件下分配資金，每一塊錢都要善用。地盡其利、物盡其用、人盡其才且貨暢其流，讓現有資源的運用效益極大化。

除了股東資金，最好的投資來源，就是營業賺的錢。投資硬體時，省錢已經很不容易了，但萬一賠錢，賣給二手的價錢超低。若要拆掉還房東，回收就更低了。

輕資產的輕投資，比較能夠獲利與存活，但也容易複製，可以發展加盟。然而原本已經有多間直營店的品牌，在開放加盟後，不容易做大與享受規模效益，多數是因為產品屬性不適合，例如需要師傅或熟手，或門市投資金額過大，墊高加盟的投資門檻，營業獲利風險也較大。

計算基本投資金額

評估單店投資，至少要做投資預算與營收預算兩件事。評估投資預算，主要在試算投資的錢多久才能回收，以及回收多少。此外，也作為投資計劃的設定目標。這些，通常會做成投資預算表、損益預算表與營收預算表，用來評估與控制預算。

投資預算表，意思是百分之百的資金，通常會分配在硬體（如裝潢、設備、布置）、進貨與營運備品、籌備薪資與租金、初期推廣行銷與雜項上，這些我們通常會概括在開辦費上。之後根據營運損益，估算至少六個月的營運安全週轉金。

預估損益表，簡單地說，就是要估算在一定期間內，每個月預計的營業收入、銷售成本、毛利、營運費用與淨利等狀況。而營收預算表，就是要針對產品類別去估算預計銷售的品項、銷售數量、占比、毛利率與成長變化的狀況。

預估營收，要注意假日、非假日與淡旺季。在評估時，因為推估是在假設的條件下，所以變數風險都必須估算。營收要有樂觀值與悲觀值設定，假設未來營業後，你的營收只做到預算目標的百分之七十，你的週轉資金還夠嗎？夠撐多久？若是只有百分之六十呢？

支出預算在沒有連鎖規模前，營運成本往往不易降低，所以會估算萬一到時候投資成本多加百分之十，或費用多花百分之十五，投資回收評估會變如何。通常菜鳥老闆很容易有百分之九十以上的項目，都是以追加預算為多。估算投資回收的方式，有淨現值法〔註：NPV, Net Present Value。將投資的未來現金流量，全部折現成投資始日的價值〕與內部報酬率〔註：IRR, Internal Rate of Return。找出資產潛在的回報率，原理是利用內部回報率折現，投資的淨現值恰好等於零〕等兩種方法。

門市經營多數是現金或類現金生意，實體資產的價值較低，所以在計算連鎖加盟總部的投資評估時，多會建議採用ＮＰＶ法。簡單來說，就是估算每月每年營運投資能拿回多少現金，把這些現金累積起來，需要多久才可以把期初投資的總現金都賺回來。

投資期該注意的資金控管重點

跟創造營業收入沒有正相關的項目，請不要隨便花錢。用這個原則就容易控制投資。設備裝潢的錢，是期初投資的大項目，一定要控制好。裝潢萬

投資回收估算（採用 NPV 法）	
投資預算表	投資進去的錢，要多久才能回收，回收多少。
預估損益表	估算一定期間內，每月預計的營業收入、銷售成本、毛利、營運費用與淨利的狀況。
營收預算表	針對產品類別去估算預計銷售的品項、銷售數量、占比、毛利率、成長變化的狀況。 假日、非假日與淡旺季、樂觀值與悲觀值。

一錯了，有時修改都還不如打掉重做，請慎重。

請花多數時間思考或驗證，如何確保營收目標會實現？花錢容易賺錢難，開店容易，倒店卻不難。營收目標牽扯到顧客需求、消費能力、市場景氣與競爭狀況，還有門市的競爭能力。變數多，風險就大。

對菜鳥來說，籌備與建置期的時間常常超過預期，預算也容易超支。**一定要設定好目標期限與預算，別奢求店面完美。先求有，再求好。等開幕後半年如果業績夠好，再看市場狀況調整硬體。**

門市生意要好，地點當然很重要。好地點，可以掌握到大量的客群。但也別忘了，好地點的租金往往不便宜。很多門市生意看起來不錯，但扣掉人事租金後，賺的其實不多。尤其是開直營街邊店，這個部分更要注意。

只要有錢大家都會投資硬體，也可以輕易複製。但若未來要發展連鎖加盟品牌，千萬要投資在不易複製的無形資產與顧客認知上，如品牌知名度、顧客認可度、媒體與網路口碑、優質團隊、資訊系統與營運管理制度上。

聽聽專業顧問怎麼說！

花大錢開店誰都會，但要把錢賺回來，就要有精打細算的本事了。

第11堂課

開店創業的陷阱與迷思

開店做生意其實不容易，除非是展店經驗豐富的品牌連鎖店，或是商店本身運勢超好，否則初次創業的人往往在開完店後，會發現實際狀況跟原本計劃的差很多。最慘的是，無論營業型態是專賣店、百貨店、百貨櫃或攤位，經營不下去時，都可能倒賠更多。

投資就是用錢賺更多的錢。店面會倒閉，不是賠太多錢，就是資金週轉不靈。沒經驗的菜鳥，往往一開始就想創立理想的店面。有特色或豪華的店面，硬體裝潢費用自然容易過高。等正式營業後，尖峰、非尖峰與淡、旺季營收落差明顯，才發現一開始高估收入，苦不堪言。

投資門市會有幾個容易出問題的陷阱，提醒你要提前閃避，別傻傻地隨便跳進去。

陷阱與迷思1 資金分配不當

菜鳥投資門市時最容易犯的毛病，就是在硬體上投資過多，忘了多留點現金給營運和週轉金。預算與計劃做得再詳細，往往都趕不上變化。生意有可能一開始就上軌道，也有可能要等到半年後。沒足夠週轉金，到時要煩惱被錢追著跑，哪有辦法專心做生意。

沒經驗的小老闆，初期預估營收容易樂觀，但裝修硬體的資金、租金與人事成本，卻比想像還要高。沒經驗又貪心，只想一次賭大的，或是有菜鳥大頭病，認為這樣才能吸引顧客。後來才發現，硬體投資過大，其實超難回收。若量體規模過大，營運成本自然高，不賠都難。就算有經驗的連鎖總部，也不會每家直營店都賺錢。門市獲利的變數，往往比你想像的還要多。

陷阱與迷思❷ 做生意節奏不對

開店做生意，有個本質上的差異，一定要牢記。「快」的生意，如飲料店、流行服飾店、健身中心與美式餐飲等，產品與服務的性質就是年輕、顏色鮮明、節奏快、速度快、刺激大。相對來說，商品的週轉率就要高。

做生意的節奏	
快生意	人潮多且流動快的地方。
慢生意	客群較多的地方。

「慢」的生意，多數產品準備期較長，客單價也較高。如國際品牌服飾、高單價的汽車、珠寶、手錶等精品。屬性就是要具空間、質感、優雅與經典等特質。

兩種不同的節奏，相對地店裡的品牌形象、產品類別與主要客群就會完全不同。節奏相反，自然就不易賺錢。快的生意，通常是找人潮多且流動快的地方。慢的生意，通常要找目標客群較多的地方。

陷阱與迷思 3 獲利模式錯誤

就算是同一業種，不同產品屬性或經營型態，也有不同的獲利結構，錯了多數賠錢收場。舉餐飲業為例，你家附近幾家早餐店，比的是在一定時間與穩定品質內，誰的產能能夠極大化，誰就比較能賺錢。飲料店的

獲利模式比較	
小店	定位、產品、服務、形象與價值感。
品牌連鎖店	品牌、系統、專業、規模與氣勢。

顧客多數年輕且喜歡流行，比較沒有忠誠度，比的是速度與流行，重點在形象特色、產品與創新服務、掌握流行趨勢等。美食餐廳就是餐點與服務一定要好，能真正經營客群，促進重複購買與口碑。

小店基本上要比定位、產品、服務、形象與價值感。品牌連鎖店卻是比品牌、系統、專業、規模與氣勢。未來，多數是品牌連鎖店或大型特色店的世界，小店的生存其實不容易。

陷阱與迷思4 主力客群不對

商圈客群不對，規模也不夠。產品屬性與整個感覺客群應該是A，但周邊商圈的主力客群卻是B。沒先深入了解市場，等開張後才發現落差太多，硬體裝修都投資了，要調整修改的代價比你想像還要高。

客源習性倘若是青少年族群，則多數缺乏忠誠度，容易跟著市場流行走。也就是說，只要周邊有更潮更新的門市出現，多數客群就會被拉走。沒有強大的品牌力量與店數規模支撐，很容易就會沒戲唱。

陷阱與迷思 5 競爭思維

現在周邊沒有競爭店，不代表不會有人也開類似的店來瓜分你的客群。模仿者或競爭者的硬體永遠比你新、比你好，甚至價格比你便宜。當然，若是周邊商圈的總客群夠多，短期內不擔心。另外，有時候競爭店多了，形成行業聚落，反倒可以提高整體的集客力。

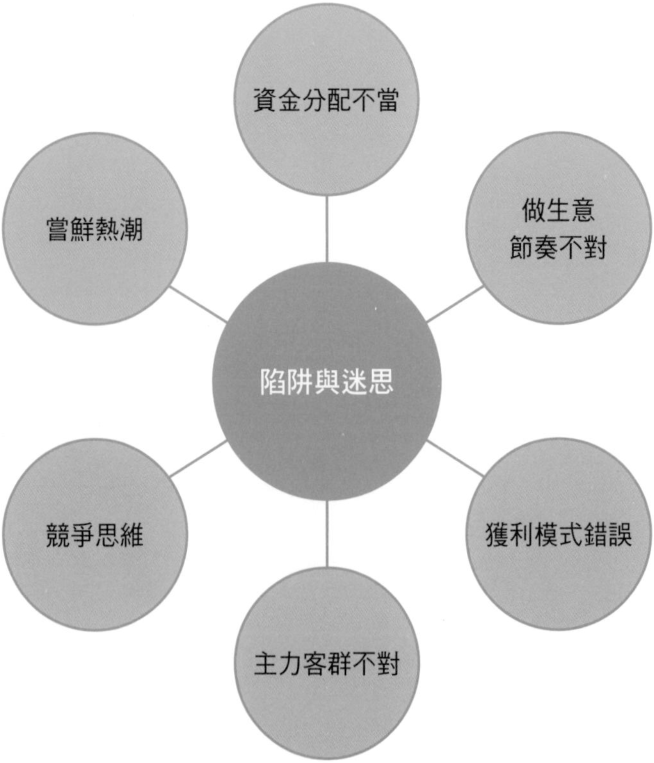
資金分配不當
嘗鮮熱潮
做生意
節奏不對
陷阱與迷思
競爭思維
獲利模式錯誤
主力客群不對

陷阱與迷思 6 嘗鮮熱潮

一家店剛開幕時生意很好，門庭若市，排隊還上媒體。但在有經驗的人眼裡，其實還需要持續觀察能否跨過幾道基礎門檻。首先，要先撐過前半年的熱度。剛開始一家新店開張，會有一部分人抱著嘗鮮的心態來光顧，但一、兩次後就不會再來了。

有經驗的人會把店的開幕期放在旺季，這樣剛開始就比較容易聚集人氣。但接下來還要能跨過淡季。淡旺季都過了，就要回頭看顧客對你的產品、服務與店面整體價值，能否持續買單。反過來，若營運狀況不佳，手邊的資金還能撐多久？這個階段頂多三年，百分之八十新開的菜鳥店，都撐不過三年的門檻。

聽聽專業顧問怎麼說！

花錢很快，賺錢不易。踩到陷阱與地雷，要賠錢不但容易而且快速。所以投資店面，務必停看聽。

第12堂課

門市籌備的六大階段（上）

門市規劃 → 計劃籌備 → 硬體建置 → 企劃培訓 → 試營運 → 正式營運

開一家店，不管大店小店，都不是憑空想像就能建構。經營者雖然內心澎湃，但行動時則需要更理性地思考與規劃。做生意的人，不能隨便跟錢開玩笑。想賺錢，就要很愛錢，很計較錢能發揮的效益，更重視投資要能回收。

有經驗的經營者，不管餐廳或便利超商等大店、飲料甜品類小店、大飯店或高爾夫球場，都會在腦海中走一遍專業的門市開設流程。從門市規劃、計劃籌備、硬體建置、企劃培訓、試營運與正式營運六個階段，一步步以市場狀況、顧客需求與資源條件為依據，往下規劃與發展。

第一階段：門市規劃期

這個階段我們會先思考門市的概念規劃，也就是第九堂課提到店面規劃的九個重點，包括顧客是誰、店開在哪裡、打算賣什麼或提供什麼服務、價位多少、店內外模樣、找什麼員工、適合哪種營運方式、需要多少預算，以及取店名。將這些概念寫成規劃書，每個階段一頁、精簡條列，最多寫成七頁。記住，你是要做生意賺錢，不是要當研究生寫報告。

還有，要多去市場看看，觀摩生意好的店面怎麼經營，才知道你該如何選擇。花錢的預算要抓鬆點，免得真正需要時不夠用。預估賺錢的收入要保守，因為市場往往跟我們想像的不一樣。另外，選點很重要，要選在目標客群多且店面醒目的地方。

第二階段：計劃籌備期

規劃店面後，就要開始具體籌設店面，包括採購設備物品、召募人員、設計營運流程、模擬顧客從進店到離開的動線、安排尖離峰時段的服務產能等。另外，也要規劃每天從準備、開店、閉店到整理的流程與項目清單。

如果商品是自己開發的，就要考慮成本、製程及顧客接受度。若是對外採購進貨，則要評估目標客群是否喜歡且容易在通路上販售，而不是挑你喜歡的產品。錢要花在生財器具與服務上，不要一開始就把硬體做死，要留下未來能根據營運狀況微調的空間。

通常創業者很容易忽略一件事，就是顧客不會主動進來消費。也就是說，這時要思考持續創造業績的方式。主動進店或靠店的客人，會有過路客、回頭客、目標購買客與體驗客等，你該怎麼創造業績？如何刺激還沒來過的周邊商圈客群主動嘗試？太久沒來的顧客，要怎麼提醒他們回來消費。

一種是被動，一種是主動。被動的方式，就是我們站在櫃檯旁，讓顧客主動靠過來或走進來消費。這時，可以靠海報或菜單上的店家商品推薦，或員工主動推薦，以服務帶動銷售。另一種是我們主動去推銷或推廣品牌形象，例如發放ＤＭ傳單、加入商圈的品牌活動、拜訪企業顧客、異業結盟等。經營者要主動設計規劃這種店內外銷售服務流程與推廣計劃，提高門市的銷售業績。

第三階段：硬體建置期

門市開始著手裝修及購買設備時，也就是要花比較多錢的時候。建置期是以硬體裝修與採購為主，這時要控制好預算。你的目的是要塑造出空間價值並使營運順利，不是要當花大錢的呆瓜。你需要的是一家能滿足顧客消費價值且能賺錢的好店，而不是自己理想中的豪華店面。請以顧客願意購買與滿意品質為導向，建構門市空間、裝潢、設備、動線、商品與服務流程。

若缺乏經驗，就該找有經驗的廠商或專家來協助，不但可以省掉很多麻煩，還可以學習別人的經驗。裝修的材質有很多選擇，既然是商業運營為主，就要以實用、耐用及好清理為原則。通常質感好，耐用兩到三年就夠了。等你賺錢再擴大裝修，都還來得及。

工錢往往比材料貴。找師傅來現場施工，跟在工廠施工或買現成的來用，價錢差很多，一定要控制預算。當你感覺預算突然擴張，每一筆錢好像都要付時，請仔細研究一下，花這筆錢是否關係到顧客的購買價值。要以顧客購買價值為導向，倒推回去思考銷售、服務、動線、空間價值感、軟體、硬體、預算與投資效益。

聽聽專業顧問怎麼說！

門市開設流程，要一步步以市場狀況、顧客需求與資源條件為依據，往下思考如何規劃與建置發展。錢，要花在刀口上。刀口，就是顧客的購買價值。

第13堂課

門市籌備的六大階段（下）

門市規劃 → 計劃籌備 → 硬體建置 → 企劃培訓 → 試營運 → 正式營運

第四階段：企劃培訓期

購置硬體的同時，也要規劃好開幕與推廣活動、印製ＤＭ、籌備公關活動與製作文宣，打響正式開幕的知名度，以吸引消費者與媒體注意。同時，也要加強員工培訓不足的地方。每天都要有檢討會議，檢討顧客反應與服務狀況，落實改善。

做生意，當然希望人潮能細水長流，但也要看產品屬性。美妝與飲料等快銷流行的商品，就適合在開幕時引爆排隊人氣。當然，你的人力、服務或產品也要跟得上人潮。規劃推廣活動，是藉由自辦或與合作夥伴一起舉辦虛擬與實體的推廣活動，以達到吸引人潮、買氣與媒體報導等三項目標。

活動企劃書，要搭配進度及預算控制。除了降價活動外，可以做的活動還很多，例如加價贈品、體驗樣品、試吃試用、集點、組合購買優惠、摸彩與抽獎、社區或商圈活動等。

在培訓人員部分，包括品牌觀念、產品知識、服務及結帳流程、清潔整理、陳列擺設、銷售技巧與開店閉店等，都是該先學會的基本事項。完整的連鎖體系培訓，會先準備好培訓架構、講師手冊、學員教材、營運服務流程、示範教材與影片等。

培訓教材中，除了經驗內化後的講義與知識文件外，也要有標示重點事項的檢核表與注意事項。內容盡量要用圖解、重點提示與影片示範，才能讓學員快速吸收。培訓講師，一般內部都以資深主管擔任，輔以外部專業講師培訓。部分較具規模的連鎖品牌體系，會藉由培訓後的考試認證來要求品質；而在職表現不理想的員工，也會提供在職回訓的機制，予以加強。

第五階段：試營運期

主要是測試營運流程中的顧客接待、銷售購買、後場準備、服務提供、結帳送客、清潔整理等狀況。尤其在產品與服務測試時，要確認我們提供給顧客的核心產品與服務，是否合乎預期目標，塑造足夠的價值與滿意度。整個測試期，都是為了確保正式營運時，能提供顧客最好的呈現與服務。

試營運的時間通常抓一週，有時不對外或會低調對外，甚至只安排員工親友來消費，測試他們對產品的反應與營運流程的狀況，作為調整參考。在測試期間每天都要有檢討會議，討論哪裡不流暢、哪裡可以縮短流程、哪裡可以讓顧客更滿意、哪裡可以讓顧客更方便？這些都要記錄下來，在正式營運前逐一改善。

如果未來要往加盟授權的方向發展，就該順手整理資料。臨時寫的標準作業流程（SOP, Standard Operating Procedures）往往不太管用。有用的SOP都是在實際營運下修改的內容。小店初期營運的資訊系統，可能只需要銷售時點情報系統（POS, point of sale）收銀機，加上後台簡單的進銷存與會計總帳。依據發展規模，再逐步增加進銷存與財務票據模組。等到規模再大一點，再來考慮真正的企業資源規劃系統（ERP, Enterprise Resource Planning），免得讓系統限制了發展速度。

第六階段：正式營運期

正式營運要能夠快速塑造商圈知名度，吸引客群光顧。多數門市會舉辦促銷、體驗與推廣活動等，甚至藉由媒體公關操作來推波助瀾。開幕初期的業績，就算人潮眾多也要謹慎對待。業績與品質至少都要經過半年的驗證，才能掌握顧客的喜好與擁有穩定客群。

每天忙完都要立即召開檢討會議，檢討一天下來發生的問題與顧客反應，作為調整的依據。市場非常競爭，顧客不會自己來光顧，一定要注重品質與口碑，不斷替顧客尋找來店消費的理由，才能維持長期的業績。

如果你是加盟連鎖品牌，那就簡單多了。品牌形象與設備裝修，都是付錢由總部幫你複製。但最難的軟實力，包括選點、用人、銷售與服務的經營責任，都要由你扛。加盟只是讓你借力使力，你才是經營主力。千萬記得，千錯萬錯都是自己的錯，別怨天尤人，不然就不要出來做生意。

整個籌備流程，以促進顧客購買與提升價值滿意度為目標，必須在資源與資金的限制下，掌握好顧客導向與資金控管兩個重點。

聽聽專業顧問怎麼說！

以「顧客導向」與「資金控管」貫穿整個籌備流程，在資源與資金的限制下，想辦法提升顧客的「購買」意願與「價值」滿意度。

第14堂課

怎麼看開店營運的獲利結構？

「陳老師，最近我們加盟招商的情況不順利，資金壓力很大，原有的加盟店業績也不好，真是讓人頭痛。」黛比邀我到她的店裡品嘗她的拿手絕活，順口跟我抱怨了最近面臨的直營門市虧損壓力。

她在中部發展一個新滷味品牌，開了三家直營店後，短期間就拓展了三十多家加盟店。外表雖然風光，但黛比的好光景享受不到一年，龐大經營壓力就壓得她喘不過氣。在勘察過她的直營門市後，我只淡淡地說了一句：「直營不賺，加盟不穩。」

直營門市賺錢看似一件小事，其實是連鎖品牌的大事。一些加盟品牌整天忙著參展、辦說明會展店、找代理商，拚命想找海外代理授權。搞半天，自己的直營店根本不賺錢，賺的都是加盟夥伴的錢。直營門市想要有突破性獲利，別想找偏方，必須從基本功開始自我診斷。

從顧客角度

從顧客角度來看，可以概分為集客力、商品力、銷售力、服務力與品牌力等。

這五力起於集客力，匯聚於品牌價值。看似個別獨立，其實彼此相關。集客力表示吸引顧客的能力，主要讓目標客群能主動靠店或靠櫃，內容包括形象、定位、設計、裝潢與陳列等。

商品力，是指商品能引發目標顧客主動購買的欲望。物超所值，一看就有購買的欲望，或腦海會出現：「對喔，怎麼沒想到可以買這個商品？」

銷售力，是指員工熱忱地服務和推廣，讓顧客主動購買，促進成交。

服務力，是指以優異的服務態度、文化與氛圍，提供舒適的購物感受，創造超乎顧客預期的需求與滿意度，並引發後續購買與口碑推薦的力道。

當累積足夠的顧客數與口碑，自然會形成企業的品牌力，建立消費者眼中無價的認同與信任。

從財報角度

財務報表的損益基本公式是「收入－成本－費用＝淨利」。想賺錢，就要提高收入、降低成本與節省費用。也就是說，業績收入扣掉商品成本，再減掉日常營運門市的費用，就是損益表上的基本獲利。

從收入來看，營業收入就是「客單價×成交顧客數」。成交顧客數，就是「來客數×成交率」。這些顧客包括初次購買的新顧客、回購的顧客與受到推薦而來的新顧客。想提升營收，就要重視商圈或指名的來客數在成交率與客單價上的表現。店面生意，最重視的就是收入要長期穩定，最忌諱離尖峰與淡旺季的業績收入落差過大。

成本主要是指原物料或半成品的進貨費用，加上加工後的總費用。好產品無論是對外採購進貨、委外代工進貨或進料自行研發商品，不只需要成本低，更需要賣得好且賣得快。日常營運費用看似越低越好，其實只要區分該花與不該花。該花，就要算投資報酬率。不該花，一毛不花。

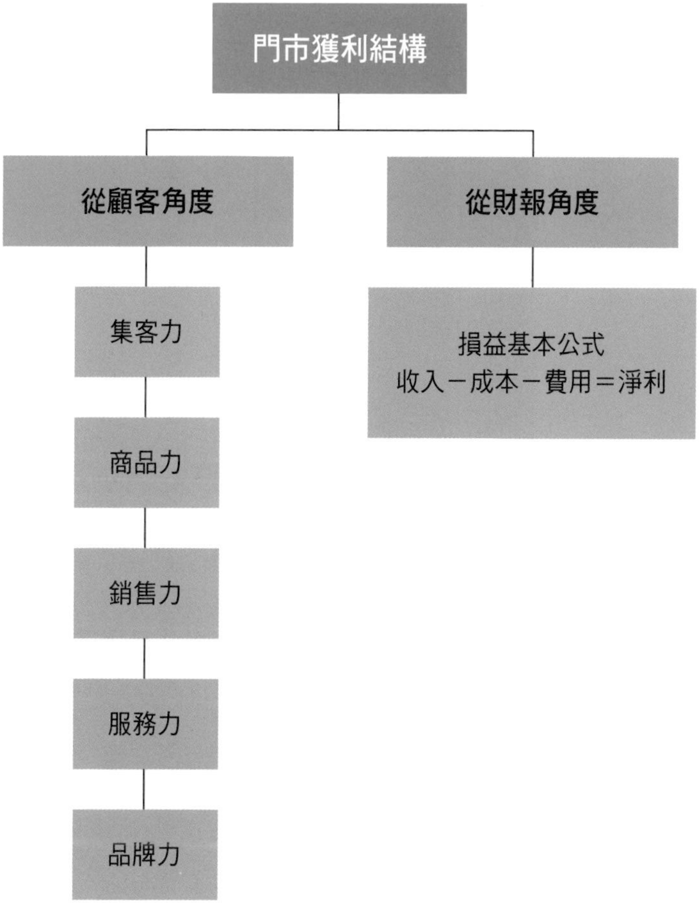
門市獲利結構
從顧客角度
從財報角度
集客力
商品力
銷售力
服務力
品牌力
損益基本公式
收入－成本－費用＝淨利

無形的戰鬥力

獲利要突破，光靠理性的思考分析還不夠。更重要的，是經營團隊的無形戰鬥力。店長以身作則，更會影響團隊整體的工作氣氛與營運文化。

門市的無形戰鬥力，還具體表現在日常服務態度與紀律要求上。要把每一個客人都視為第一個顧客，熱忱地服務，並把每一個客人的事都當成自己的事，做好基本動作。門市成功的關鍵，都藏在每一個小細節裡。沒有足夠的熱忱與用心，就無法累積足夠的價值。

無形的戰鬥力，多數要靠人來實踐。挑選與培訓成員非常重要。挑對人，培訓自然經鬆。好員工需要持續培訓與要求。沒達到標準前，千萬別輕易丟到門市去。上陣後，未達標準就要重新要求，強化培訓。選馬，還不如賽馬。

聽聽專業顧問怎麼說！

從外部顧客端思考，如何創造顧客進來購買的價值。

從內部門市理性思考，如何創造價值，讓損益表漂亮。

內外兼修，基本動作紮實，你的門市不賺錢都難。

第15堂課

讓連鎖店面業績倍增的方法

「你覺得門市業績只能這樣嗎？這樣你就滿意了嗎？」面對我有點挑戰的問題，妮娜顯得疑惑。老闆為她設定的門市業績達到了，但被我這麼一問，似乎還有更多成長的空間。

「這家新門市剛開幕前三個月，業績狀況很不錯。可惜衝高那一波後，就陸續下滑了。」「你們除了拚銷售外，有規劃服務類的行銷嗎？顧客資料庫也建好了？」會議上，張經理跟我這麼一對話，開始心虛了。

連鎖品牌的直營門市業績，對品牌長期發展來講，是不容忽視的議題。**獲利前，基本的業績門檻要先過關。直營連鎖，門市業績代表最基本的市場存在能力。而直營門市業績不好，加盟就不穩。直營的營業收入對整體品牌來說，是極具代表性的數字。**

顧客才是老闆

顧客才是門市生意的真正老闆。我們靠顧客付錢購買商品或服務，公司

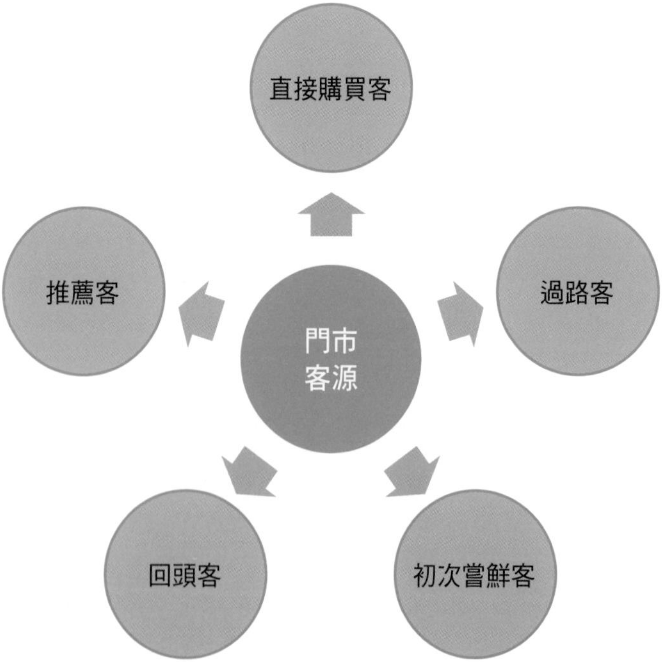
直接購買客
推薦客
門市
客源
過路客
回頭客
初次嘗鮮客

才有錢支付員工薪水。在門市所需的一切營運活動，包括商品進貨、設備裝修、水電瓦斯、營運人員與文具等，都需要花錢。只有讓顧客進來消費，才能賺錢。經營門市，其實就是要經營顧客。

一切，都是為了顧客而存在，要更用心去了解顧客。門市顧客來源可概分為直接購買客、過路客、初次嘗鮮客、回頭客與推薦客。要深入分析主力顧客性別、年齡、職業、收入、價值觀、生活習性與購買行為等。關於顧客，除了可做問卷調查外，直接勘察場地與長期蹲點觀察，效益更佳。

商圈是你門市的地盤，門市主管本就該掌握主要客源的商圈狀況，包括立地條件、交通動線、人潮屬性與特質、地標與客群參考店等。當你深入分析商圈、掌握市場區隔與定位，才能有效深耕商圈客群。不同客群就有不同的行銷方式，而話題行銷能力與差異化服務，則是最有效的門市集客力。

以服務帶動銷售

信任是企業的最大資產，它來自一次次顧客的滿意度累積。穩定持續的收入，更是企業發展的生存命脈。口碑行銷，則是創造穩定收入與業務開發的好主意。滿意的顧客，不但會推薦其他人、傳送口碑，更會持續來購買，創造門市穩定收入的來源。

在行銷方面，新產品體驗與免費體驗式服務，都是以服務帶動銷售的方式。在顧客服務方面，創造完善的消費流程與提供穩定滿意的品質，不但可讓顧客主動幫忙推廣，並可藉由服務蒐集潛在顧客名單，方便主動出擊。若不滿意，只要用心處理好客訴，讓顧客滿意感動，往往還會增加更多商機。

顧客名單是商機來源的線索，列名單更是諸多超級業務的開發基本功。顧客資料庫是企業長期經營客群的必備工具，也是常被忽略的重點。只要勤於聯絡，建立好穩定良好的顧客關係，就能創造出品牌行銷的長期效益。

以行銷引導購買

門市行銷上，你要跟團隊花點時間深入研究幾個最基本的問題，例如：顧客為什麼來？為什麼選擇我們的店？哪些顧客有需求，為什麼沒有選擇我們？顧客來過一次後，沒再來的原因？我們做錯什麼？少做了什麼？能做什麼改善？不斷地深掘，搞清楚：「顧客到底要什麼？」

門市店頭行銷可以概分為三大類。第一類是店頭廣告，如海報、吊牌、燈箱、廣播與電視。**第二類是店頭促銷**，如贈品、抽獎、示範與試用等。**第三類是店頭陳列**，如商品陳列與季節性陳列等。店頭有效行銷的祕密，無非就是能真正掌握人性的新鮮感、氣氛、比較、崇拜與衝動。

在門市，千萬不要只會推銷產品，你要引導顧客購買。主動探尋顧客的需求，協助挑選出可能的產品。主動推薦給顧客、引導他體驗商品，成交後做好後續服務。以顧客至上的原則服務，在獲得業績的同時，你也會贏得顧客的真心與信任！

聽聽專業顧問怎麼說！

門市經營的關鍵理論不深，意涵卻很深。別說簡單，等每家門市的營收或獲利能穩定發展，不是曇花一現時，才是你獲得真實體驗與答案的時候。

第16堂課

門市擴點的策略思考

「早知道開一家店那麼難，就該勸我爸媽把店租給超商，這樣一來，租金每個月少說也十幾萬。現在怎麼跟連鎖賣場打啊？都是比貨色多，折扣高。」小吳接手老媽的電器行，本以為輕鬆創業，沒想到做不到一年，就後悔了。

「現在這家新潮服飾店的業績好，你當然可以考慮多開幾間，不過你有沒有想過，到底是開三間像現在的小店好？還是開一家三倍大的店比較適合？」我對著想積極拓點的小方提問。

開店說難不難，很多人成功賺錢，卻也有很多人賠錢。門市經營的基本功是哪些？生意不錯，想要擴點展店，是開小店好？還是開大店佳？或是做連鎖品牌？老闆的心中，可是糾結得很。

經營店面的重點

店面的營業重點，多在經營品牌、創造利潤與服務顧客。在思考如何發展時，可以從「衡外情，量己力」來綜合分析。要深入了解並掌握基本外部環境，例如整個商圈的競爭狀況、預計的目標客群與品牌概念與定位等。

內部營運管理主要在提升店面營運效益，有幾個重點。首先是營業收入，等於「來客數×成交率×平均客單價」。其次是人效與坪效，指每個員工薪資或每坪租金能創造的營業額。再來是存貨週轉率，指營業額需要多少存貨才做得起來。

商品的結構組合，有體驗品、獲利品、明星產品、新鮮產品與主力拳頭產品等。體驗品用來帶顧客進門、獲利品用來默默賺錢、明星產品用來上媒體與吸睛、新鮮產品用來刺激消費者再次購買，主力拳頭產品就用來與同業競爭。

關鍵是必須運用具有魅力的陳列方式與優質服務，吸引消費者並刺激購買。當然，經營門市最重要的還是要能回收投資。不能賺錢回收，說再多，都是白搭。

想擴展門市，有哪些評估重點？

擴展門市是為了掌握更大的商機，創造更好的管理效益。在這之前，你需要先做好市場分析。首要是分析商圈，別忘了商圈的核心是人，活著且有生命，不是一張死的商圈地圖。每天都有一群人在商圈裡流動進出，要深入了解商圈的生態、地標、客群結構與同客群的參考店等。

分析商圈，要掌握人流、車流、錢流與資訊流。主要客群是什麼人？交通工具如何帶動人潮移動？消費方式是怎麼樣？還要有大家習慣怎麼花錢？花在哪裡？商圈人群的傳遞與接收訊息方式，以哪些為主？

也要仔細評估競爭者或替代者。目標客群如果有需求，不是找我買，會找誰買？他們用什麼替代現有需求？跟我們做同類客群的商店還有哪些？

以公館商圈為例：主要客群多數是學生或年輕上班族。這些人平常的生活，也許是上下課、上下班或交通轉運。他們消費能力或許不高，卻容易衝動購買。消費方式可能是隨意看或有目標地買。大部分人的交通方式可能是

策略思考比較	
名牌特色店	品牌連鎖店
比差異、比特色、 比服務、比彈性、比創新	比標準、比規模、 比資本、比系統、比成本
做專	做大
做強	

搭捷運、騎機車或坐公車。而公館商圈中最多的，是賣吃與穿的商店。

思考到此，就可以開始評估，在商圈版圖內的展店，是要由點到線面、在戰略地點先卡位，或是用三角包圍區域地盤？這裡面的學問可多了。

你想做專還是做大？——名牌特色店與品牌連鎖店的策略差異

開店經營時，你打算要做名牌特色店或品牌連鎖店。前者，是比差異、比特色、比服務、比彈性與比創新。後者，是比標準、比規模、比資本、比系統與比成本。一個要「做專」，一個要「做大」。無論哪一個，最後目標都希望能「做強」。

做專，就像馳名特色店。目標客群要精準，掌握群聚與感性價值，提供創新或特色產品及服務來吸引顧客。做大，就像連鎖品牌店，要有標準品質與服務、較多的硬體裝潢設備與大量資本。為了讓人力服務的變異降低，連鎖品牌店的重點，是會運用資訊營運系統管理營運品質與控制成本。

做大與做專，對不同條件的經營者，就有不同的選擇。兩種選項都不是唯一，也可能會交叉運用。例如在大量標準規模化後，從同中求異，在一致的品牌形象與營運模式下，發展區域特色店；或在順利拓展多店後，異中求同，重新再造品牌，彰顯品牌形象的一致性。

聽聽專業顧問怎麼說！

在思考店面特色與規模的策略時，比的不只是產品、資本與知識，更多在比承擔風險的能力。對經營者來說，可能是選擇理想或是否獲利。這都決定於你的膽識，沒有對錯。

“

連鎖加盟的本質，是總部與加盟者一起牽手賺大錢。因此，事前的認知與溝通很重要。加盟者為什麼願意付錢加盟？真正目標，還是希望能借力使力，提高成功賺錢的機會。

”

第三學分

想加盟的人源源不絕，我該怎麼辦？

第17堂課

開放加盟前的評估與準備

當店面生意上了軌道，也有了幾家直營店，你可能會開始考慮讓人加盟。開放加盟前，必須先了解一些基本原則，並做好準備。千萬不要因為有人捧著錢想要來加盟，就不管三七二十一開心收錢。發展加盟體系，加盟者規模大小與初期的加盟設計都很重要。

連鎖加盟的本質，是總部與加盟者一起牽手賺大錢。因此，事前的認知與溝通很重要。加盟者為什麼願意付錢加盟？真正目標，還是希望能借力使力，提高成功賺錢的機會。部分表面有賺錢的店，可能有較特殊的隱性條件，未必能發展成連鎖加盟體系。例如，自有房子免租金、兩或三代傳承的老品牌、資金雄厚、商圈地點好、百年歷史名店或老闆擁有獨門的手藝等。

開放加盟前應評估的五個基本條件

發展加盟連鎖體系前，至少要有賺錢示範店、獲利商業模式、可複製性、獨門條件與非短暫流行等基本條件。

一、賺錢示範店

直營門市不但要有消費人潮，還要至少有三家損益表上獲利的直營示範店。這樣的品牌總部，才有能力為加盟店複製賺錢的基本條件與方法。尤其是創始店的地利與機遇條件往往難以複製，直營店如果業績不好或不賺錢，總部哪來的實力去輔導加盟店成功。

二、獲利商業模式

規劃的加盟店產品、價位、客群定位、地點、財務條件與營業型態，都要能夠複製獲利。**營運要能符合連鎖的3S原則，也就是簡單化（Simplification）、專業化（Specialization）與標準化（Standardization）。**門市製程與流程要能夠複製，而商業模式已經通過市場嚴格考驗，並且能獲利兩年以上。

三、高度可複製性

產品要簡單，市場接受度廣。技術易學或可用工具設備來降低複雜度。流程可以簡化，能快速備貨、快速銷售且快速結帳。加盟體系要廣，加盟展店速度要快，營運門市的人才條件就不能太高。地點要能廣泛普及，不能刻意要求商業區、住宅區或工業區。讓展店的商圈條件盡量寬鬆，自然容易拓展。資金規劃也要盡量在加盟者能以自有資金加盟開店的範圍內，這樣對總部與加盟者來說，風險都較低。

四、獨門條件

要發展具吸引力的加盟品牌，除了品牌知名度要夠，還要建立其他的價值門檻。**對內要能快速複製，對外要能彰顯品牌的獨特價值**。例如，有特殊配方或原物料、製程獨特或快速生產器具擁有專利。可以協助快速生產的器具，對餐飲業有很大的效用。尖峰時段人潮多，又要兼顧品質，若現場的生產方式可以藉由器具提升產能與品質，對創造業績將有很大的幫助。

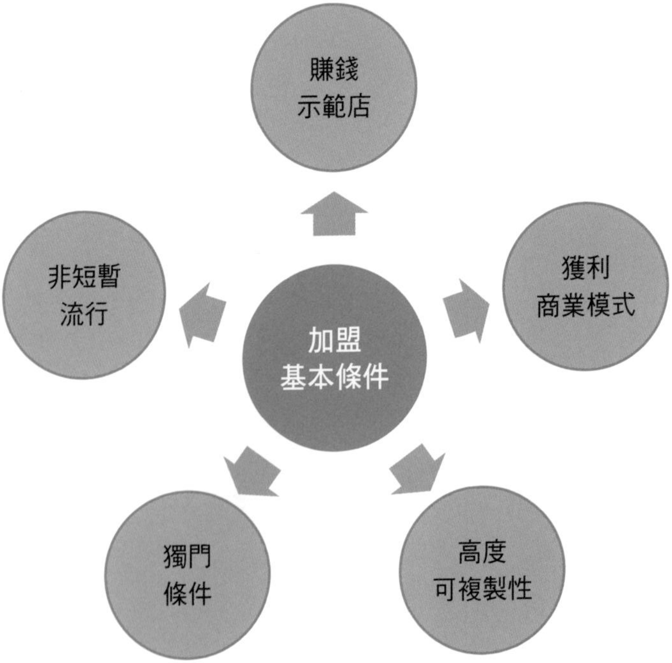
賺錢
示範店
獲利
商業模式
高度
可複製性
獨門
條件
非短暫
流行
加盟
基本條件

五、非短暫流行

店面生意多數要兩年以上才能回收資金；發展連鎖加盟品牌，沒有七、八年，很難形成穩定的連鎖品牌體系。做生意需要穩定的收入來源，自然要有能安定發展的市場。一時新鮮好玩的流行性商品，很容易在短暫幾個月的煙火效應後快速崩盤，而像餐飲與服務類的日常生活必需品，反倒有長久穩定的需求。

開放加盟前該自我檢視的六大重點

連鎖加盟總部可以概分為六大功能，從品牌行銷、加盟招商、新品開發、教育訓練、物流配送，到對加盟商的輔導與支援。基本上，供貨型總部在初期會提供加盟者品牌、籌辦店面、商品供貨、標準作業流程與各種培訓，並在營運上協助推廣行銷、供應原物料或商品、持續培訓、營運督導與後勤支援等。

發展加盟體系，總部要先自我檢視品牌形象、商品規劃、服務流程、管理制度、資訊系統與團隊實力等，這都是未來壯大加盟品牌的地基與鋼骨。

一、品牌形象

品牌形象是加盟者願意加盟的重要價值。好品牌代表著品質與信任，在消費者群中塑造口碑，使他們願意指名購買。在開放加盟前，第一步就是要檢視品牌與店面形象是否需要升級與改造，並確認智慧財產權管理。

二、商品規劃

對多數加盟者來說，商品或服務是主要收入來源。總部要有產品未來發展的研發藍圖，持續創造產品的高競爭力。此外，若是餐飲相關行業，就必須從源頭掌握好原物料來源，以免在未來引發食安疑慮。

三、服務流程SOP

要有協助加盟店成功賺錢的關鍵複製能力，包括內容、流程、手法與工具等。尤其總部提供的SOP，必須是經過實戰淬鍊，且能順利在門市運作的內容。

四、管理制度

總部內部各分店與全體的損益表、資產負債表與現金流量表，要正確且能準時完成。尤其門市多是現金生意，管理現金流量極為重要。各門市與總部之間的日常營運管理制度，要能順利運作且在精不在多。

五、資訊系統

多數小型總部，內部只有POS收銀機系統，搭配會計總帳與簡單的進銷存管理系統。而對供貨型總部來說，合理化的進銷存管理系統，對未來物料與資金的管理極為重要。不少加盟總部的營運規模雖然變大，但獲利百分比卻下降得極為嚴重，多數問題就出在資訊管理這個部分。

六、團隊實力

一家中小企業經營會有問題，原因多出在經營者與核心團隊上。要發展具規模的加盟體系，就需要大幅提升經營者與團隊的核心職能，才能因應未來市場的挑戰。門市培訓需要訓用合一，以邊學邊用的方式來提升競爭力。

開放加盟前，你該先有的規劃

開放加盟前，要先思考開放加盟的模式。一般來說，業界較普遍的方式分為三種。**首先是供貨型總部，主要在賺加盟商供貨的原物料費用**。為了盡早達成供貨規模，加盟的門檻都不高，如免收或只收五到十萬元的加盟金或保證金。

第二種是開店型總部，主要賺加盟know-how的錢、生產設備及裝潢費

用的差價。最後是管理型總部，也就是前兩者的綜合體。不少短期加盟爆紅的品牌總部，檯面上是供貨型總部的形象，實際上卻是管理型總部，也就是裝潢設備與供貨的錢都要賺。

其次，是要規劃加盟制度。設定期望的加盟時間、加盟者條件與加盟流程。加盟時間通常是兩到三年。而業界俗稱的加盟三金是指加盟金、權利金與保證金。加盟金是指加入品牌加盟體系，開店前要付的費用，包括店面設計費、教育訓練費等，多數是簽約時一次支付。權利金則是商標使用權與後續支援的費用，支付的方式多元，名稱也不一定。最後是保證金，主要在確保貨款與違約解約時的爭議保障，現在多數是以商業本票的方式在處理。

另外，協助加盟者順利開店的流程，都要事先整理與準備，包括商圈、選址條件與快速有效的開店標準流程。選址，其實是門大學問，租金成本，更是門市每月經營費用中的固定大支出，不得不慎重。

開放加盟需要哪些文件？

加盟前要準備的文件不少，以飲料類為例，**首先是招商類文件，如加盟申請表、加盟文宣與生財設備一覽表，其次是總部企業簡介與CIS企業識別手冊的形象文件，以及詳細實用的標準化門市作業手冊、加盟合約書與政府規定的加盟揭露說明書。最後，是針對加盟者門市營運的種種培訓資料。**

標準化作業流程，在門市端至少要準備裝潢、陳列、產品製作、服務流程、員工管理、商圈評估與商品規劃等文件。而總部則要準備訂購、採購、物流配送、研發創新、培訓管理、資訊管理、財會管理、品牌行銷、會議管理、目標與報表管理等文件。

加盟管理規章至少要有品牌定位、企業識別（CI, Corporate Identity）與視覺識別（VI, Visual Identity）、商品介紹、組織說明、單店投資分析、加盟制度辦法、門市管理辦法、採購與物流配送、行銷推廣、人力資源管理、加盟管理規章與契約等文件。

連鎖加盟品牌的開始，往往靠著產品與定位的創新；而要長期經營，就要靠堅持理念與管理。實務觀察發現，在發展品牌規模的過程中，資訊、財務會計、人才、制度與資金，是發展的門檻與地雷所在，請務必要謹慎。

＊附錄一表5附有開放加盟檢核表，供讀者自我檢測使用。

聽聽專業顧問怎麼說！

新連鎖加盟品牌要成長，切忌貪快而揠苗助長，太過自負就容易失速墜毀。

第18堂課

七種主要開放加盟模式

在開放加盟前，要先釐清自家品牌的產品與門市營運特性，挑對發展加盟的模式。否則，當未來加盟店數越多，要吃的苦頭就越多。加盟模式分類，可以從不同面向來區分。而從單店到加盟連鎖店的發展脈絡，概略可以這樣描述：

一家「單店」，在發展穩定後成為「名店」，因生意好，依據消費者需求與商圈狀況進而發展成「多店」。為了讓門市保有穩定且一致的品質、服務水準，並給顧客相同的印象，而發展成「品牌直營連鎖店」。在過程中，可以挖掘態度及能力較好，深具發展潛力的資深員工。為了讓這些員工也能享有股東般的分紅權利，因而發展成「內部創業店」。因市場發展狀況好，我們開始藉由連鎖加盟的型態，讓更多有資金且願意經營品牌的人一起加入發展，成為加盟連鎖店。

依據台灣的連鎖加盟類型，也有人概分為上一堂課談到的供貨型總部、開店型總部與管理型總部。另外，依據總部與加盟者的關係，常見的經營模式，可以區分為總部直營、雙方合資、內部創業、自願加盟、技術移轉、委託加盟與特許加盟等模式。

一、總部直營

總部直營店特性是百分之百自有資金，所有錢都轉給自己，但風險也要經營者自己扛。因此，產品與服務品質相對穩定。直營店型態比較適用在人工技術高且品質變數多的產品或服務，如多數中式餐廳都以這種型態為主。

二、雙方合資

主要特性是資金風險會較為分散，但也因加盟者同時具有經營權與所有權，角色容易混淆。這種模式多數適用於資金規模大，且需要整合資源與專長的行業，如多數大型宴會廳等都屬於合資店。

三、內部創業

主要特點是加盟者多由內部資深的優秀員工轉任，對企業產品、服務與營運較為熟悉，產品品質也比較穩定。內部創業的方式，比較容易留住人才，而這些人才也較為了解且認同企業的組織文化。

這種模式的特色是門市拓展速度較慢，品牌知名度不易擴展，適用在門市經營技術較高的行業。多數是讓員工認股，可以分享利益，但主要股權與決策權都由公司掌控，例如眼鏡行、藥局、美髮店、鞋店與女性內衣店，就比較適合這樣的形式。

四、自願加盟

在加盟大展看到的飲料、甜品與早餐的連鎖加盟品牌，多數都是自願加盟的型態。特點是加盟店可以共用品牌形象、產品與know-how。而加盟投資的風險就由加盟者自行承擔。自願加盟的總部，也多是供貨型總部。適用在比較大眾化，品質穩定且製作簡單的產品，加盟者的入門條件也較低。

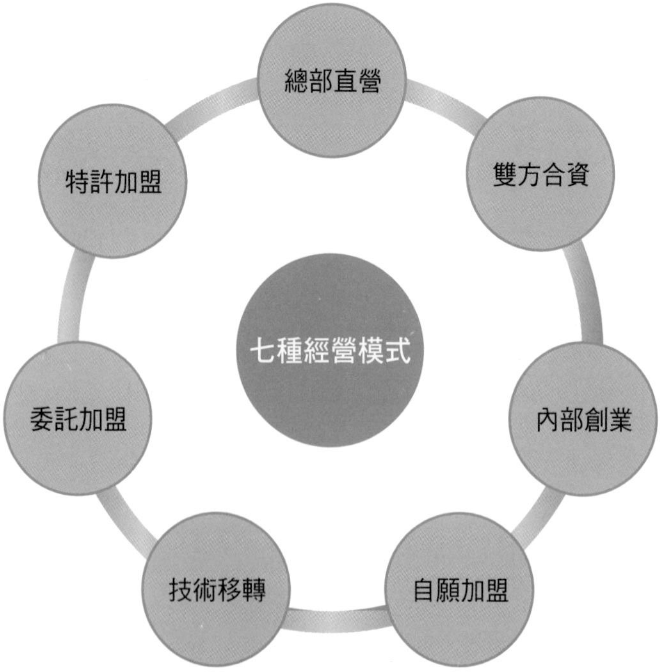
總部直營
雙方合資
內部創業
自願加盟
技術移轉
委託加盟
特許加盟
七種經營模式

五、技術移轉

技術移轉模式的主要特性，是讓投資者降低產品開發風險與人力成本，加快事業發展速度。技術擁有者可以從投資者那裡獲得合理的權利金，多數適用在要保護自有品牌，不輕易授權品牌形象的總部。例如南部一家知名鹽酥雞連鎖品牌總部，就是採讓有意願的人付費以取得產品技術移轉。供貨廠商由總部指定，再由供貨商提供銷售佣金給品牌總部。

六、委託加盟

想投資連鎖品牌的加盟者，被授權能接收現有直營店。收支由雙方拆賬，毛利由總部保障，但營業收的錢由總部先收，計算後再依約定撥款給加盟者，如7-ELEVEN統一超商。

七、特許加盟

特許加盟大都是由雙方合資的新開店面，交由加盟者經營。總部負責投資生財設備與商品，並提供產品與經營技術。加盟者負責投資店面、裝潢、門市費用及營運。依據雙方的投資約定，再去拆分利潤。

聽聽專業顧問怎麼說！

選擇加盟模式，要從經營者理念出發，由企業核心能力與資源來進行擴張。

第 19 堂課

開放加盟的招商流程

不管有沒有主動行銷加盟方案，店面生意好的老闆，就算只有一家人氣店，無論是夜市小攤、路邊小店、街邊店或百貨店，都有機會碰到主動提出加盟意願的人。

假設你的時尚飲料店生意不錯，有不少人都說想要加盟。這時，你知道該怎麼跟加盟者談？談什麼？如何應對與評估加盟條件？加盟者最在意開店與後續的培訓輔導，你都準備好了嗎？

當有人來洽談

在加盟者表達加盟意願後，品牌業者通常需要安排負責加盟招商或展店的部門人員與加盟者面談。大致流程會是：先填寫加盟申請資料，面談了解申請者背景、狀況與加盟的可行性。之後，還必須深入了解加盟者的創業特質、條件、加盟原因、營運人手、專業經驗、開店地點與可投入資金等。

優質品牌業者會在意加盟者的個性、能力、事業期望，以及有無非要不

可的企圖心，還是只想輕鬆當老闆。此外，也會**了解門市選點的位置是否適合開店、資金合理與否**。更有一些謹慎的品牌業者，會要求加盟者先從內部創業做起。有資格當好店長，再來投資加盟。

品牌業者若想炒短線，可能就會急著拓展規模，只要潛在加盟者備齊資金。不管適合與否或店面地點是否妥當，都會盡快讓加盟者簽訂加盟意向書並付訂金，儘速簽約，進入籌備開店流程。不少小規模的品牌業者會輕忽加盟者條件的理性評估，一直到加盟者問題與困擾層出不窮後，才後悔抱怨。

簽約重點與付款形式

簽訂加盟合約其實是一門大學問，當然要符合法律規定。但加盟合約的關鍵，是在約定品牌業者與加盟者之間的合作模式與定義權利義務。部分快銷產品類的品牌業者，會與加盟者簽訂品牌授權與裝潢設備買賣為主的混合版合約。

連鎖加盟涉及的法規很廣，包括一般民法、公司法、商標法、營業祕密法與行政院公平交易委員會對於加盟相關人員資訊揭露案件之處理原則。加盟者有權請加盟品牌經營者提供相關證明文件，如營利事業登記證及商標註冊證書等。

加盟合約多數會載明以下內容：加盟店名稱、營業地址、契約存續期間、授權範圍、加盟金、權利金及履約擔保、選擇商圈與區域保障、營業時間、商標及授權、招牌裝潢、加盟服務、教育訓練、品質與服務、加盟經營運作、物流配送、促銷配合、保密規定、行業限制、加盟權利移轉等項目。

關於付款方式，以市場上較多的飲料加盟品牌來說，加盟者多以分期付款型態支付品牌業者加盟金與裝潢費用。例如正式簽約後，先收簽約金與保證金。門市施工開始，再收一筆款項。硬體設備驗收後再收一筆。等培訓開幕後，再收齊尾款。

＊附錄二附有創業加盟相關法規資訊，供讀者參考使用。

選點的注意事項

選點是一門大學問。立地條件就算好且有人潮，主要還是在於要做得出業績，可以扛過高租金壓力。知名連鎖品牌的直營店，就算在具備資金、技術、團隊與know-how的條件下，直營展店也是會踩到地雷，造成高調開幕，卻在短暫幾個月內低調關店，移轉陣地的窘境。

加盟店的資源與條件都比直營店弱，經驗也比較少。要投入門市經營的壓力自然大，更需要用心經營。連鎖加盟品牌業者若想快速展店，就不易顧及加盟店品質與成功機率。這對有企圖心的業者來講，是一個極大的挑戰。

門市選點，要看立地條件、人潮走向、目標對象比例、租金押金條件、周邊競爭條件、格局大小與裝修投資，變數比定數還多。這個部分加盟者就要依靠品牌業者的發展經驗精確評估，才能理性且慎重地選擇。

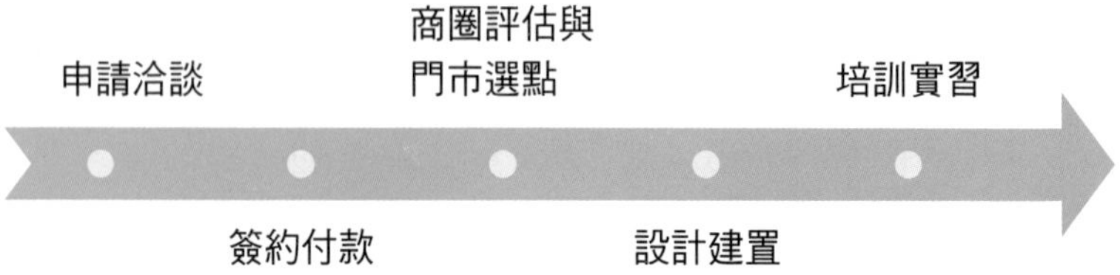

加盟店面風格的設計與建置

為了維持店面風格與專業性，多數加盟店的裝潢與設備多是委託品牌業者代為建置，品牌業者會有一定的轉手利潤。大店，品牌業者自然會多賺點利差，但會墊高投資成本與營運固定管銷與租金。

加盟品牌的創立，初期多數都是從外帶小店開始發展，再逐步開展二代店與三代店，或是有內用座位的店，讓有資本與經營條件的加盟者營運。蓋一家店的投資金額，其實總部都可估算，並且掌握合理的投資額度與項目配比。

就怕加盟者野心太大，還不會走就想飛。一開始就要做大店，除了不易獲利，風險也相對提高很多。若是品牌業者也急於展店，或想從裝潢設備先賺一筆，而沒有審慎評估，往往開店氣勢高，但很快就面臨達不到業績目標，營運週轉金不足的窘境，收店速度也就會很快。

人員的培訓實習

在加盟店開店之前，品牌業者都會提供對應的標準作業手冊、培訓教材與實作指導，讓加盟者能快速熟悉如何營運一家門市。至於培訓時間需要多久，則看品牌業者對加盟者的要求程度及培訓能力。

一家新門市剛開業時，會因為新鮮感與期待，吸引一群想嘗鮮的顧客，或因為開幕活動吸引來大量人潮。若門市營運、產品製作與顧客服務的培訓沒有事先做到位，很容易影響接單速度或造成負面口碑。

＊附錄一表6附有加盟招商流程檢核表，供讀者自我檢測使用。

聽聽專業顧問怎麼說！

要加盟招商，程序並不難。然而品牌業者也應該正視與堅持加盟者的投資效益與風險管理。

第20堂課

召募加盟，行銷關鍵有哪些？

如果你的門市生意好，只要加盟的資本與技術門檻不高，剛開始有三到五間加盟店並不難。但當要大規模展店時，就需要主動且系統性地召募加盟者是加盟品牌體系的合作夥伴，為了發展門市規模而主動召募，是布局，更是一種策略。但千萬別把加盟者資本，當成主要的業務收入。一般來說，這樣的加盟品牌多數發展不會順利。對品牌業者來說，拓展加盟商要有一定的規模與數量，但同時也要注重加盟者的素質。

想找到加盟者，有哪些行銷策略？

擬訂加盟招商方案，是成為加盟品牌的一大學問。加盟者有自由選擇的權利，各品牌業者也會主動出擊。不只門市業績的市場競爭，同業間的發展更是激烈。因此，在法律可接受的狀況下，自然會出現很多模糊的行銷招式。門檻高，來的人少。門檻低，加盟者的素質就令人頭痛。

品牌業者要針對產品屬性、市場趨勢與競爭、消費者認知、優勢強項與自家體系發展的期望目標，擬訂招商策略與方案。生意好、店有名、有口碑或具發展規模的品牌，自然容易吸引加盟者追捧。門市排隊的人潮，更會引發加盟者對於成功的期望。

加盟者多數都渴望開店能成功，因為期望成功，所以媒體上關於品牌經營者的形象報導，會對加盟者產生強大的吸引力。品牌業者賣給加盟者的，其實是創業老闆的成功夢想。夢想，代表人人有希望，但未必人人會成功。築夢踏實，要如何構築加盟者的夢想，協助其圓夢，就要靠品牌經營團隊的理念與本事了。

召募加盟者的方法

品牌業者期望的加盟對象與資本門檻不同，運用的行銷手法與方式自然也會不一樣。有些行業，需要專業技師與證照才能經營，或投資門檻較高的品牌，就會採半封閉式的招商方法，針對某些族群來行銷。茶飲、早餐與咖啡等輕資產的加盟品牌，市場雖然龐大，但競爭也很激烈，在行銷上就要下比較多力道。這類品牌多數在國內外的連鎖加盟展中，投入的人力與資本也會比較多。

常見的召募加盟方式有以下四種。

1. 門市

門市生意好時，會有加盟者直接到店面詢問，只要準備好加盟招商資料，或者在門市DM架、大門玻璃窗等醒目處，貼上加盟召募海報就夠了。

2. 網路

網路的口碑傳遞，是一種低成本的行銷好方法，主要是傳遞生意興隆、加盟店爆紅與具消費者口碑等形象。一般會善用現在比較熱門的網路社群媒體，如Facebook粉絲團或Instagram等容易塑造品牌流行的工具。

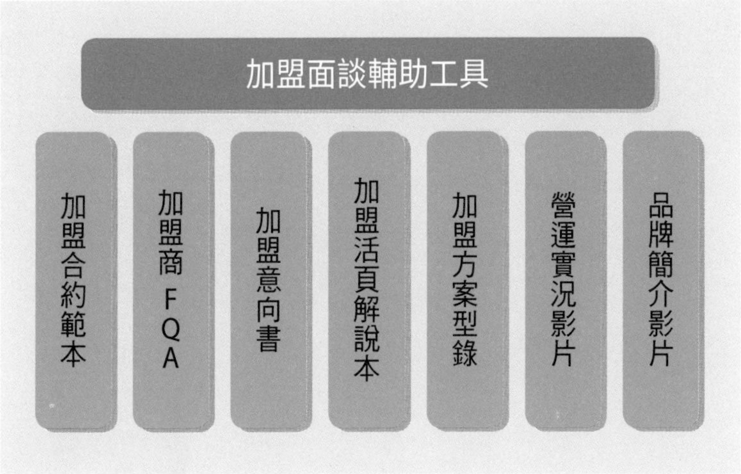

3. 說明會

針對品牌加盟與發展，曾來電或在網路上表達過興趣的加盟者，一次集中在同一個場地，藉由規劃的簡報、試吃、面談諮詢等方式說明加盟方案，促成合作。

4. 展覽

連鎖加盟大展等展覽，算是比較容易一次面對較多潛在加盟者的行銷與接觸方式；同時也適合在目標族群裡造勢，引發媒體的報導意願。除了連鎖加盟展之外，也可善用行業展、創業展與就業展，來操作加盟行銷活動。

對有加盟興趣的人，通常會準備面談時的輔助工具，包括品牌簡介影片、營運介紹的影片、加盟方案的型錄或傳單。還有適合面談諮詢時的加盟活頁解說本，裡面往往有品牌形象與理念、產品特色、加盟方案介紹、優勢比較與加盟流程等。

提供潛在加盟者常問的問題，該有的標準回答。至於加盟合約部分，通常會等加盟者簽署意向書並支付訂金，才會提供合約範本給予參考。等到審閱確認後，才會進行正式的書面簽約。

聽聽專業顧問怎麼說！

品牌加盟業者，該善盡品牌承諾與責任。為了品牌聲譽，以正當的行銷召募手法去爭取潛在加盟者的認同，才是長期發展加盟品牌的王道。

第21堂課

總部經營者與加盟者該有的正確觀念與心態

「我投資那麼多錢在這家早午餐店上，卻沒賺錢。這是品牌總部的責任，不要跟我廢話那麼多，不然我退出加盟，你們把錢還我！」品牌總部的督導認為自己按照合約走，小劉卻認為自己沒賺錢被騙，打算去公平交易委員會申訴，看樣子事情很難善了了。

「你看，難怪小張的拉麵店生意好，他都親自在街角發DM，客人也說他的店面乾淨明亮，服務又好。老闆都這種態度了，員工哪敢偷懶。」總部督導劉經理剛到小張的門市附近，看到這個景象，轉頭對部門的同事感嘆。

選擇連鎖加盟品牌，看似容易創業，但其實加盟者傷筋動骨，賠錢失敗的人也不少，讓我們一起來探究原因。

加盟店與非加盟店的差異

連鎖企業是指一群事業體，使用同一個店名、商標、CIS，且以共同模式經營管理。無論是品牌形象、行銷手法、陳列布置、商品組合、作業系統及管理方式等，都是統一的套裝模式。加盟店與總部的關係，核心就在品牌、產品、經驗與know-how。

多店跟連鎖店是兩碼子事。連鎖店被要求具有理念形象、設計、格局、產品、口味與服務等一致性，就像大家擁有同一靈魂，卻複製了很多身體。**單店變連鎖的重要觀念是成功可以複製，但複製未必會成功。最難在於經營者落實與執行理念的能力**，這不是花錢就可以替代的。連鎖企業也擁有單店無法取代的規模經濟優勢，除了可降低營運與進貨成本外，因規模所擁有的市場占有率優勢，也是造成消費者優先選擇的關鍵。

品牌總部與加盟店必須扮演互補角色

品牌總部與分店間，本就是分工合作的關係，各司其職，一起為品牌做最大的貢獻。加盟店與品牌總部，看似是各自獨立的法人身分，但在商業上卻是緊密相關。若有一方觀念態度與格局不對，這個連鎖品牌互利共生的生態圈，就難以長久。

品牌總部主要負責擬訂、執行、指導與考核經營計劃，以及商品的計劃、採購、庫存與物流。此外，人員培訓、品牌的廣告宣傳與促銷活動、新產品開發、資金管理與情報提供，也都是以總部為主。門市則是負責商品銷售、促銷活動、門市賣場陳列及管理、庫存管理與提供服務等。

品牌總部與加盟店，其實就是要分工合作，攜手打一場資源整合的連鎖組織戰。一起賺大錢。誰少了誰，都不會比較好過。加盟店若不與總部配合，想穩定賺錢就有很大的困難。而總部在規模變大後，如果輕視加盟店的價值與管理，也容易埋下隱性的品牌大地雷。

加盟者要當自己是真正的老闆

部分加盟者擁有錯誤觀念，以為加盟後，可以靠著總部賺錢，自己反而能過著輕鬆或低風險的生活，其實這是致命的觀念。**要檢視加盟者是否合**

格，就要看加盟者有沒有把自己當真正的老闆。實際觀察獲利長久穩定的加盟者，多數每天都在兢兢業業地努力。

總部支援只能算是輔助的力量，賺錢還是必須靠加盟者。對一家店來說，最重要的工作，就是業績收入、服務品質與品牌形象等三件大事。總部只能提供資源及支援，如品牌形象、媒體行銷、專業方法、供貨品質與成本、人力支援等。加盟者想要賺錢，還是要靠自己努力。門市加盟最重要的大事，就是經營顧客。唯有顧客才是品牌與獲利的根本。所以選擇加盟者時，就要看他是否把自己當成老闆，願意扛一切責任，**當獲得顧客、業績、獲利與口碑，並把生意經營到門庭若市，就能享有加盟成功後的一切名利。**

聽聽專業顧問怎麼說！

同一個連鎖品牌下，會有不同的加盟成敗，差異多在加盟者的觀念、紀律、方法與努力。連鎖是要攜手共創未來，而加盟，凡盡心努力者，得救！

第22堂課

面對不景氣，連鎖品牌如何逆轉勝？

「老師，不是只有加盟店，連直營門市業績都掉了三成。整體門市營業狀況很差，加盟店出貨也少了好幾成。想到景氣還會持續變差，我每天都擔心地睡不好覺。」

「要過年了，工廠資金不足，不知道加盟店貨款能不能準時付？不然公司經營得很辛苦，怕工廠會撐不下去。」

「那支抹茶產品賣得是不錯，可是同業也複製得很快。業績不過好了三個多月，現在同業都賣得比我便宜，如果不降價，銷售量就起不來。」

不景氣，哪來江湖道義？能賺錢且不違法，每個老闆都絞盡腦汁想辦法，包括直接抄襲。景氣持續低迷，原本日進斗金的連鎖品牌老闆哀鴻遍野，已經不是有沒有賺大錢的問題，而是能不能存活的議題。沒有穩定的業績，沒有足夠的淨現金流動，再知名的連鎖品牌，都可能一夜之間崩盤。

漲時看勢，跌時就得看體質

在股票與房地產投資領域，都有類似的概念：「漲時看勢。」意思是在景氣好時，要是能跟上市場的大趨勢，投資自然賺錢。但在景氣大跌時，就要比標的物的體質、比抗跌性。

其實，企業經營的概念也相同。漲時看勢，景氣好時，站在風口上的豬，也能輕易地飛起來。跟對大趨勢，自然較易賺錢。跌時看質，當景氣差時，就要比誰家企業的體質好。現金夠活絡，團隊夠強，誰的存活率就高。

活下來要靠業績、靠品質與現金，門面再好，產品再創新，團隊的品質再好，沒業績進來，淨現金就減少甚至不足。一種是企業體質能撐得夠久，不易倒。一種是企業擁有賺錢的體質，賺得不多，但就是穩穩地持續小賺。不景氣，都留給別家企業，不在我們家。

面對不景氣，連鎖品牌該強化的重點

連鎖加盟品牌在面對不景氣時，要懂得守，也要懂得攻。在借力使力前，自己的根基要夠穩。不然很容易被外力拖垮。提醒經營者注意以下幾個方向：

1. 直營不好，加盟不穩

直營門市是加盟的學習標竿與範例，若直營門市都做不好，加盟店的素質一定好不到哪裡去。景氣好，開店容易賺錢。不景氣時，不能光靠比誰不會倒。重點是門市營運能獲利嗎？做什麼事才會賺錢？如果連直營門市的主管都無解，多數加盟店的業績也一定慘兮兮。

2. 回歸市場基本面

再多直營店與加盟店，再大的品牌知名度，都必須經過不景氣的嚴厲考

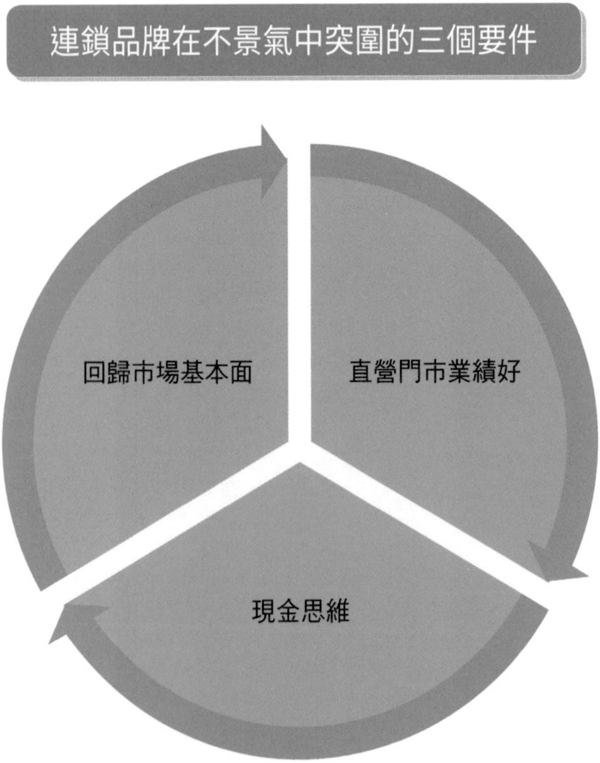
連鎖品牌在不景氣中突圍的三個要件
回歸市場基本面
直營門市業績好
現金思維

驗。市場到底要什麼？消費者有什麼改變？顧客為什麼願意付錢買產品？在什麼狀況下願意持續掏錢？不景氣中，一樣有願意消費的顧客，如何讓他們向我們購買？回歸到基本面，也回到消費者在第一線門市的交易價值。

3. 現金思維

不景氣中，現金是你的保命符，也是你維持生命的養分來源。別亂花錢，把每一分錢都投資在刀口上。哪裡是刀口？投資給顧客購買，投資給精兵團隊，也投資給優質產品。每一分錢都要審慎評估投資效益，思考如何管理風險，如何確保這筆錢的效益夠高。誰的現金夠穩定，誰就活得久。

回歸市場基本面，不斷反省與思考

在不景氣中，經營者夠用心嗎？你在高級辦公室裡規劃與思考，還是走到第一線了解狀況？你知道門市同仁現在碰到的困擾嗎？你知道目標客群的需求嗎？你知道同業的創新與改變嗎？你知道市場對公司品牌的認知嗎？

你有用心掌握這些基本問題，還是只流連於打小白球、跑社團做公關，等著員工給你答案、幫你解決？反省很重要，不只是團隊文化如此，經營者更該如此。不斷地回到市場基本面檢討與改善。

聽聽專業顧問怎麼說！

「問題都在前三排，關鍵都在主席台。」這是指景氣好時。碰到景氣低迷，其實關鍵都在主席台！

第23堂課

連鎖加盟的人性管理學

「那個賣早午餐的鮪魚吃麵包品牌，最近人氣超旺。我每次去他們台北車站的站前店，都看到客人很滿。我們合資去加盟他們好了，一定可以很快賺回來。」安娜跟好友潔西卡在逛連鎖加盟大展時，被展覽現場的熱絡氣氛影響到了。

新冒出來的排隊店，多數人都知道可能只是一時熱潮，卻擋不住內心急著想要成功創業的衝動。創意產品的流行，可能只是短期的跟風。人們多數都知道口感好吃的美食，多數都不健康，卻也禁不住口腹之欲的誘惑。成功的消費品牌，多數深知消費者的人性弱點。

連鎖加盟經營是個特別又有趣的商業模式，看似成熟的經營方式，卻有不少創新與突破的可能。在產品開發、門市經營、加盟展店等商業領域，更可發現處處與人性相關。

商場上的人性論

經營事業，其實就是在經營人性。行銷人性的弱點、開發需求、滿足欲望、釋放衝動，這是做生意的基本。商業的本質，就是釋放人性。看人性，要看本質。而人心，本來就多變。至於人生，則是無常，你無法掌握，只能活在當下。

人性底層欲望的釋放，是人類前進的動力，卻也是墮落的根源。佛家有八苦，包括生、老、病、死、求不得、愛別離、怨憎會與五陰熾盛。人都想離苦得樂，因此也會產生更多需求。商人都懂得操縱人性，讓你的欲望在商業中期待，在交易中滿足。

驅動企業與組織的力量，來自願景、目標、共識、文化，抑或是名氣、利益、權力與高位？人是脆弱的，人性有諸多的弱點，如貪心、虛榮、渴望優越、窺探、好色、情愛、好奇、懶惰、盲從與自卑，但這些也是多數商人做生意的關鍵操作點。

流行與模仿中的生意虛實

在經營連鎖加盟事業時，很多看似存在的資產，其實價值很薄弱。商標有註冊專利，研發的生財工具也有專利，然而如此一來，同業就無法模仿嗎？你的創意概念，對方只要站在巨人的肩膀上修改就好了。產品很特別？你確定對方找不到貨源？對方的廚師無法複製你的特色？

商標、實體門市、產品、現金、中央廚房、總部、ＥＲＰ系統、品牌與團隊等，一個餐飲連鎖經營體系，至少有那麼多元素存在。有些是真實有長遠價值的，有些其實只是短期過渡。顧客對你的品牌，真有那麼忠誠嗎？你的實體資產變賣後，可換得多少現金？

在流行與模仿中，品牌可能只是短暫名牌，顧客忠誠其實都是靠新產品不斷刺激與堆疊。熱賣的產品在流行過後，還有多少消費者記得？實體資產就更別提了，這些都是「虛」的價值。只有真正的品牌、團隊與現金，或許是能維持較久，屬於「實」的價值。

連鎖加盟品牌的創新突破

真的有不景氣嗎？那麼多奢侈品與高消費品一樣還是熱賣，重點是你該相信什麼。咖啡這行業飽和了嗎？在星巴克營造出第三空間後，伯朗咖啡還是找到切入的新定位，cama咖啡突然跑出來，現在又有好喝的LOUISA。市場永遠沒有飽和的時候，永遠有人有方法。不是嗎？

行業的經營有標準模式嗎？東京的星巴克開始賣酒，中國「河狸家」

做了美甲師的O2O大整合。全家超商整合了大樹藥局與天和鮮食。7-ELEVEN整合無印良品，全都開始發展創新的複合式經營。

創新，其實是人性與金錢的新糾葛。創新的突破，要在機會之處，更要在人性的細微之處。創新要歸零，不能依靠過去經驗，更無法只靠市調與分析。創新來自於對人的細微觀察與接觸，並能從中找出人性的共鳴與期望點，可以負向，更可以正向。創新，在新的看見與心的體悟中。

聽聽專業顧問怎麼說！

企管理論教你的多數是「形」，真正商業的「魂」都藏在人性弱點裡。連鎖，由人心鎖起。卓越，從不凡開始。

第24堂課

如何避免連鎖品牌走向失敗？

「某知名連鎖英國茶飲品牌，爆出原料有食安問題！」

「某知名連鎖蛋糕品牌被員工爆料，因業績衰退，積欠員工薪水！」

「某知名早午餐連鎖品牌在快速展店後，傳因不敵市場競爭與租金成本，百分之三十的加盟店已經陸續倒閉。」

「某知名飲料店因傳出與多家加盟店有合約糾紛，多位加盟者宣稱將聯合提出告訴。」

加盟知名連鎖品牌，是許多創業者的優先選項，但也常在媒體上看到上述負面報導。一直以來，加盟連鎖形態的商業模式有一定的市場規模與價值。在不景氣中，它更是一種借力使力的經營模式，接下來，就讓我們來探索它的本質與善用之道。

連鎖加盟的本質

在連鎖經營的觀念中，成功可以複製，但複製卻未必能成功。連鎖品牌若把加盟者當顧客，是靠賺加盟者的錢來成功；當夥伴，則是牽手賺錢，大家一起成功。

對連鎖品牌經營者而言，「合作」是非常重要的心態，這會影響到整個企業文化與團隊價值觀。

加盟者的心態是要努力跟連鎖品牌共創事業，而非偷懶依賴連鎖品牌賺錢。天助自助者，這是加盟店要有的重要認知。連鎖品牌只是你經營事業時的重要「助力」，但絕對不是你事業成功的「主力」。要成功經營事業，只有靠自己，而非靠大樹。

加盟者花錢跟連鎖品牌買開店的品牌、經驗、know-how與後勤支援等，在順利開店後，就要專心經營門市，也就是做好業績目標、服務品質與品牌形象等三件事。而連鎖品牌的工作也不少，至少要提升品牌知名度、擴展規模店數、控管供貨品質與協助營運指導等工作。

連鎖加盟體系容易產生的問題

部分自認聰明會賺錢的連鎖品牌老闆，會這樣操作：先在熱門地段開一家看起來人潮眾多的直營樣板店，再利用創業者急欲成功，內心卻忐忑不安的心理，引導眾多創業者加盟；而多數想加盟的創業者因缺乏開店經驗，又不想屈居人下，期望能夠輕鬆當老闆。

連鎖加盟品牌多數會失敗，是因為有以下的狀況：

1. 產品在市場上退流行，門市業績不好進貨少，加盟展店也推不動。自然連鎖品牌的營收快速降低，容易產生資金缺口。
2. 低成本的管理思維，觸碰食安法規模糊的界限。
3. 連鎖品牌老闆太快成功，手邊突然擁有大量現金，並且預估未來會線性大成長，因此容易花錢貸款買名車與別墅。
4. 來者不拒，快速加盟展店。賺飽就走，換個區域或市場，繼續下個快速展店的預收現金循環。

5. 加盟收取大量預收現金，轉投資到其他業外項目，卻產生重大虧損。

加盟店虧損倒閉？沒關係，不到三個月，就可以另外換個新流行品牌來操作，這就是所謂的「假性多品牌策略」。別懷疑，一小部分連鎖品牌老闆真的會做這種事。有些連鎖品牌老闆的觀念是重供貨，輕管理。只要不斷以低價擴展加盟店，用大量加盟店數進貨來賺原物料供貨的錢。至於你賺不賺錢、會不會倒，都不在他的責任範圍。

經營品牌，該怎麼走？

連鎖品牌經營者需要先想清楚：是真的要經營一個事業、一個真正的品牌，還是塑造一個短期名牌，賺一大筆就跑？你的品牌要讓消費者相信什麼？支持你什麼？任何事業，忽視實際市場，就是失敗的開始；少了優質團

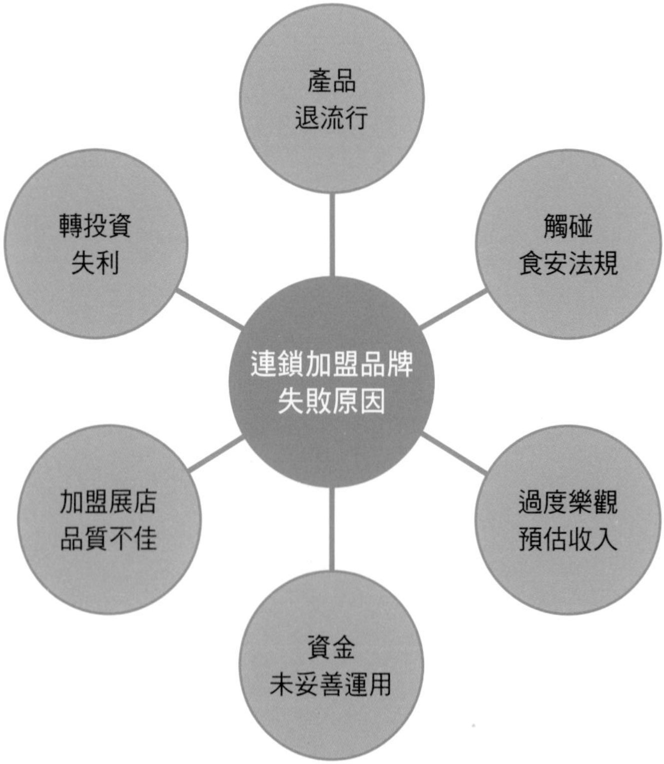
產品
退流行
轉投資
失利
觸碰
食安法規
連鎖加盟品牌
失敗原因
加盟展店
品質不佳
過度樂觀
預估收入
資金
未妥善運用

隊，就是成長的障礙。

市場競爭與模仿是常態，消費者本就喜新厭舊。**要不斷創新研發，持續提高品牌形象與消費者的購買指名率**，靠門市經營的獲利與顧客滿意度腳踏實地做品牌，而非短期衝高加盟店數與媒體流行報導，來做連鎖流行名牌。

要經營單一品牌，把直營與加盟店數規模化，或是以集團品牌，再去長出數個子品牌，兩者經營形態都有人發展得很成功。門市賺到的錢，記得要持續投資在品牌價值、資訊系統、財務會計與團隊人才上。而連鎖品牌的有效創新，也必須奠基在成熟的團隊、營運制度與系統上。

聽聽專業顧問怎麼說！

連鎖加盟品牌的成敗，就在連鎖品牌經營者的一念之間！

“

連鎖加盟總部扮演著策略、行銷、經營輔導、資金、分析、培訓、採購、資訊與財務會計等戰略指導與後勤支援角色。讓門市業績更好做，也指導所有直營店與加盟店進行團體戰，安排該怎麼打、打哪裡、守哪裡與哪裡需要改善。

”

第四學分

為什麼要成立連鎖加盟總部？

第25堂課

連鎖加盟總部的功用

開了直營店，又召募到幾家加盟店後，哪天經營者就會突然發現公司內部的管理與溝通很混亂。對經營者來講，只要沒出大事，事情有人做就好；但如果出現職位調動，比如有人離職，必須換人接手處理，在還沒有交接清楚或接手的人還沒成為熟手之前，就會出現雞飛狗跳的狀況。

召募加盟初期，助理、祕書、倉管、物流與出納都請了，但資料的版本一堆，就算買了軟體也還是很混亂。公司明明有會計作帳，然而毛利與淨利總是算不準。已經交代要叫貨給加盟店，卻發現不是沒準時到貨，就是根本忘了，讓門市抱怨連連。

加盟總部的六大功能

連鎖加盟總部的營運管理能力，其實都是加盟型總部初期最容易忽略的地方。往往要等到門市業務變多，或要發展海外授權後，才發現組織僵化到難以變革。建構總部要以拓展門市業務的預估與規劃為依據，經營者一定要親自領導與安排。無論直營店或加盟店，門市的重要任務都在業績、品質、服務與品牌形象的戰術執行。而連鎖加盟總部扮演著策略、行銷、經營輔導、資金、分析、培訓、採購、資訊與財務會計等戰略指導與後勤支援角色。讓門市業績更好做，也指導所有直營店與加盟店進行團體戰，安排該怎麼打、打哪裡、守哪裡與哪裡需要改善。

加盟總部可以概分為六大功能，首先是**品牌行銷**。不斷塑造品牌知名度，讓品牌變名牌，吸引顧客到門市消費。定位上，要讓品牌的形象鮮明，提高品牌在虛實通路的曝光度，以利加盟展店。其次，是**新品開發**。新產品是門市創造業績的新武器，也是公司提升營業毛利的主要來源。產品發展要跟著市場走，更要不時地創新以引領潮流。另外，也別忘了產品組合不要弄得太複雜，否則對業績、毛利與管理會造成很大的問題。

第三是**教育培訓**。強化從做中學，不只教導知識與觀念，更要提供輔助工具與模擬場地，讓人員有更多操作演練的機會。在員工上場後，需要有資深人員陪同指導，調整到熟悉所有作業流程後，才能獨立運作。

第四是**物流配送**。規模不夠大量，不建議自己做中央廚房或物流中心。尤其是加盟連鎖的營運形態，發展需要彈性，產品線就需要能因應變動。初期建議原物料以廠商進貨再加工配送為主，周邊耗材或雜項就由廠商直接配送。提醒自己要能掌握關鍵原物料或加工製程，把核心事項及技術掌握在連鎖加盟總部手上。

第五是**加盟招商**。達到門市的規模經濟效益很重要，但有獲利的規模更重要。總部要能藉由加盟展、說明會與網路行銷去召募對的加盟者，再藉由公司專業的輔導支援，讓獲利門市的市占率不斷增加。

最後是**支援輔導**。督導的主要功能在承上啟下，作為總部與門市的溝通橋梁，更要指導門市完成公司設定的目標。這個角色多數都由資深且績效不錯的店長，在經過培訓後轉任。

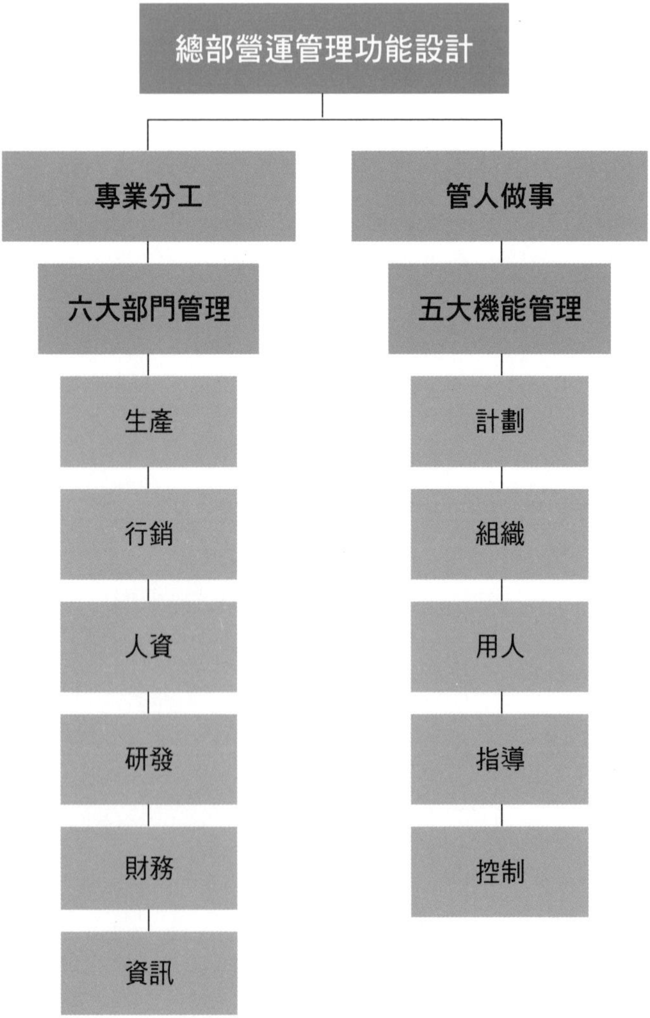
總部營運管理功能設計
專業分工
管人做事
六大部門管理
五大機能管理
生產
行銷
人資
研發
財務
資訊
計劃
組織
用人
指導
控制

門市管理的正確觀念

設計總部營運管理功能時，可從兩個軸面來看。首先是生產、行銷、人資、研發、財務與資訊。**要能成功管理，就要做好「管人」與「做事」**，也就是擁有計劃、組織、用人、指導與控制等五大管理機能，再依據門市運作與市場發展的進度，分階段建構能有效營運的連鎖加盟總部。

不要建立太多自以為嚴密的制度，讓企業發展僵化。尚未公開上市櫃或規模化之前，不要掉入管理陷阱中，導致做小賺錢，做大反而不賺錢。營運制度夠用就好，要管住重點，用小而美的總部組織去支援拓展業務的需求。

先效益，再效率。跟業務、展店與獲利有正相關的任務與事情，都該排在優先事項中。幕僚行政的價值，更該講求投資效益，能讓門市更順利運作。具備管理功能就好，太複雜的專業與制度，反而容易讓門市失去彈性與活力。

如何讓連鎖加盟總部順利營運？

很多連鎖加盟品牌都有建置總部，卻運作得很不順利。連本地的營運都管理不了，授權海外發展當然容易折翼而歸。連鎖加盟總部要運作順暢，其實得遵循一些重要的原則。

連鎖加盟總部的幕僚主管，要找有營運門市經驗的人才擔任，最起碼要有門市小主管的資歷，也需要具備財會制度、資訊與外包能力。幕僚單位的存在目的，是為了協助前線做生意賺錢。最忌諱因為缺乏經驗，而用制度、規定與流程限縮住第一線的靈活度。物料、庫存、團隊、資訊與培訓的規模，要跟著前線發展速度走。關鍵核心工作可以內製；非核心工作如果尚未達到規模，盡量委託外包廠商處理。

連鎖加盟總部規模要跟著市場規模走。快兩步就好，隨時跟上營運的腳步。因為很難事先確認市場發展的速度有多快，不要太早就想架起一個了不起的總部。不斷預測與訂定目標，並定期檢討修正。

「人盡其才、地盡其利、貨暢其流且物盡其用。」這四個方法非常適用在總部的營運管理上。連鎖加盟總部的人資要記住人盡其才，營運督導要記得地盡其利，庫存要貨暢其流且採購要能物盡其用。在這四個原則下，總部的運作自然就能順暢。

聽聽專業顧問怎麼說！

連鎖加盟品牌總部營運能順利的四大祕訣，就是人盡其才、地盡其利、貨暢其流與物盡其用。

第26堂課

加盟總部對店面的營運督導與人才培訓

連鎖加盟總部存在的目的，是要協助第一線創造業績與利潤，並彰顯連鎖品牌的價值。業績不穩定時，除了外部因素，也可能是內部發生人員素質不足、溝通不良或營運管理缺乏依據等狀況。有規模與管理制度的品牌加盟總部，多數會編制營運督導與人員培訓兩個部門。

這兩個部門的人，最好都有豐富的第一線門市經驗。無論是建構直營或加盟制度，在營運督導部分，管理與要求時最怕只靠複雜的理論。而培訓時，最怕遇到只會念書且理論一堆的高材生講師。

加盟商與品牌之間，應是團隊合作的合夥關係。連鎖加盟總部需要提供完整的輔導制度與優秀的加盟人才，更需要持續深化加盟者對品牌理念、文化與價值觀的相關認知，才能建立長期正向緊密的合夥關係。

重點工作1　營運督導

營運督導要能領導「人」，也要能管理「事」。主要任務通常為營運分析、績效評估、晉升考核、定期店訪、督導店務與落實ＳＯＰ、促銷活動、人才的選育用留、門市陳列與盤點、商圈經營與展店、團隊建立與激勵等。

督導部門的工作不少，除了該有的政令宣導、做好目標管理、報表管理、訪店與店務管理、工作報告、人員考核、各級會議與盤點工作。優秀的督導要有能力協助公司建構這部分的營運管理制度，落實到日常作業、管理表與資訊系統中。

督導的選任，最好都有第一線門市的豐富工作經驗。別的大品牌挖來的大督導，要先讓他到門市第一線歷練後，才能整合其他品牌和我們的實戰經驗，發展成具有自我特色的督導管理制度。

重點工作❷　人員培訓

人是服務業中，串接企業組織營運的核心元素。連鎖品牌的培訓，可以概分為直營店培訓、加盟店培訓與總部人員培訓。而培訓內容，依據各品牌的定位、營運模式與經營理念各有不同。大致上，有共通課程，如品牌、企業文化、公司簡介、營運組織與產品介紹等。門市端的培訓，有商品製作流程、開閉店流程、結帳管理、帳務管理、銷售技巧、客訴處理、清潔維護、薪資管理與活動企劃等。

部分較具規模的連鎖體系，內部培訓還會分為新人訓練、在職訓練與回訓等。並以考試與認證，搭配合適的績效管理與升遷制度。整個選育用留之間，能環環相扣，串起良好的正向人力資源循環。培訓方式，以講師講解、實地教導與現場實習為多；教材上，則分為講師與學員教材，以及門市依循的標準作業手冊。

店長、展店經理與幕僚主管是核心團隊的培訓主力對象。在多數培訓實務上，除了上述門市營運作業的硬實力培訓外，往往忽略了理念、文化、價值觀與工作態度的軟實力培訓。培訓方法多數更是採用效益較差的講課形態，而非有效的訓用合一模式。

有效培訓	
硬實力	門市營運實務工作與流程要點。
軟實力	理念、文化、價值觀與工作態度，訓用合一。

CEO更要懂得自我成長

此外，CEO頭皮下的程度，更是最基本的品牌競爭力來源，卻也是最常被忽視且不願面對的地方。沒幾個CEO願意大方承認自己的學習不足。反觀，**發展良好且具規模的連鎖加盟品牌老闆，都有謙虛、樂於學習及勇於反省等特質。**

這些CEO多數會片段學習，或是在社團中聽從一堆前輩的建議，但往往最後還是搞不清楚自己在幹什麼。只是抄襲模仿，最終還是沒有走出自己的路。品牌行銷、品牌授權、資本規劃、加盟拓展、團隊建立、領導力、財務會計與資訊網路等議題，都是連鎖加盟CEO應該系統性學習的管理主題。

此外，對台灣來說，內部市場競爭激烈，本土連鎖品牌要不斷擴張發展，就無法忽視海外市場。因此，CEO更需要拓展自己的全球化思維與國際視野，深入了解各國的文化、歷史、經濟、技術與法規等內容，強化國際貿易、品牌授權、資本財務與供應鏈管理等能力，方能將品牌拓展到國際市場上，發展真正的全球化加盟連鎖品牌。

聽聽專業顧問怎麼說！

中小型連鎖加盟品牌總部的經營實力，百分之八十決定在經營者的智慧與實力。

第27堂課

總部主管必備的能力：營運資訊與財務會計

營運資訊與財務會計，是總部主管必備的兩個管理能力。有合理的工作流程，加上穩定精簡的資訊系統，才能產出可以作為決策依據的報表。當門市規模增加時，判斷不能單憑經驗或感覺，而是必須分析事實資料後，再管理與決策。

很多連鎖品牌在規模變大前，好管也好賺錢；但在規模變大後，CEO卻發現獲利百分比降低。這樣的問題，通常是因為沒有搞定財務會計與ERP所致；而ERP的價值，就在於提高經營反應與改善的能力。

總部後勤管理的架構，要依據產品特色、營業屬性與商業模式來量身訂做。如多數飲料店大多處於顧客高流動的商圈，門市不認顧客，但結帳必須精確快速。早餐門市在短時間的尖峰產能，必須穩定且快速。餐廳型門市，就要經營顧客關係，嚴密管控成本；而超商超市類，進銷存就是首要大事。

必備能力❶ 資訊系統

單店營運通常比較簡單，只要POS點餐打單與收銀功能的速度夠快且穩定，剩下靠人工就可以輔助處理。但若要發展成直營或加盟的多店連鎖，要考量的管理要點就不一樣了。原則上，小店管好業績、發票與庫存；直營連鎖門市，要管好進銷存，正確結出會計帳與報表。當加盟連鎖店數不多時，只要前端收銀POS與進銷存功能，加上採購下單功能就夠用了。

在導入ERP之前，先合理化流程管理是基本動作。要先釐清商業模式，然而規劃工作流程與整理表單報表，才是過程中最辛苦的地方。導入ERP的團隊，首選是熟悉內部作業且認真的老臣與專業顧問。合理化流程，難在系統流程跟過往工作流程之間的取捨。

要先搞清楚系統管理的重點，預估公司未來五年要發展的可行目標與規模，再來衡量如何分階段建置資訊系統。小公司只要在關鍵稽核點，控制好成本、效益與速度，不用搞得太複雜。本地或區域型的資訊系統基本上都以雲端為主，只要網路環境可以就沒有問題。但若要發展海外授權，門市系統營運的穩定與即時很重要，就需要事先評估當地的網路環境是否完備。

導入資訊系統的六大重點

連鎖加盟總部導入資訊系統，要注意一些工作原則與要點。

1. 電腦化是手段，真正目標是提升管理效率與效果

只要經費許可，很多人都希望購買最好的套裝軟體或為自己打造量身訂做的專案軟體，做最大規模的電腦化。然而，其實只要能管好老闆想管的事，會籍資料完整、帳與報表能正確清楚，符合門市與總部營運最重要。想運用所有功能，還要看現有的管理能否跟得上速度。

2. 要電腦化必須先有效管理

電腦不是天才，也沒有萬能。系統流程裡都綁著管理邏輯，公司內部的管理流程如果沒有調整好，人員管理程度沒提升，相關的表單制度沒訂定清楚，就算電腦再好，還是無法運作順利。

不要邊導入邊修改程式，先確認業務、營運單位與管理階層的需求之後再規劃流程，並調整系統設定。真想修改程式，也請先確認衍生的系統需求，並衡量成本效益後才進行。尚未具備足夠的店數規模前，還是以調整業界擁有口碑的套裝軟體設定值或流程順序因應即可。

3. Garbage in, garbage out

這是資訊管理界的名言。你餵電腦吃垃圾資料，它一定吐像垃圾般無用的資訊給你。所以平常在門市前台作業，一定要有條理且系統性地整理並輸入會籍資料。這樣才能透過系統整理出有效的資訊。門市資料要正確，最重要的是在每天營業後落實結帳動作。每筆帳款都要正確且符合。如果有問題，必須在當天或隔天釐清與處理，不然沒兩三天就容易造成系統混亂。

4. 電腦化不代表全都要用電腦處理

要百分之百電腦化，你打算花多少成本？重要的是提升整體效益，如果是用簡單表單或舉手之勞就可以處理的工作，幹麼搞得那麼複雜？運用資訊科技，是要增加營運效益，提高投資成果，而非虛增管理成本。

5. 要能掌握連動資訊

系統除了管理流程，也要能清楚掌握關鍵資料在不同程式運作功能間的連動關係。資訊管理系統中最重要的有三個變數：日期、金額、數量。掌握好這三個變數，就能在不同程式彼此連結與連動。這樣一來，你就能掌控整個系統了。

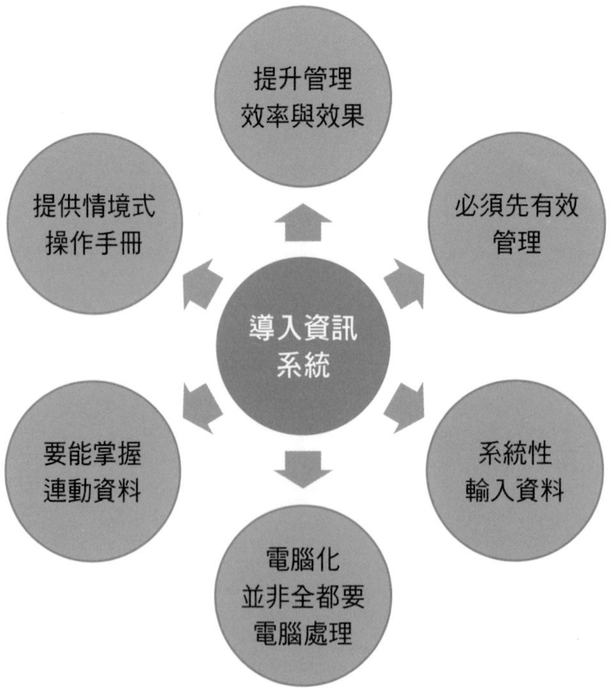
提升管理
效率與效果
必須先有效
管理
系統性
輸入資料
電腦化
並非全都要
電腦處理
要能掌握
連動資料
提供情境式
操作手冊
導入資訊
系統

6. 情境式操作手冊

一般電腦公司給的操作手冊，是給工程師看的。店面工作人員需要的是情境式操作手冊。也就是要說明門市收入該怎麼打單；請購需求提出前，如何查詢庫存資料；每天結帳時，該怎麼辦。具體來說，就是以日常營運為主，整合電腦與日常的作業流程。

電腦化是一門學問，要懂得管理流程、資訊系統、專案管理、組織變革等知識。不過，高階領導人的決心與充分支持，才是真正的成功之道。

經營者要敢於投資未來

一般在財報上，可以顯現企業過去累積的經營成績。從毛利高低，可以看出企業在市場上的價值。從費用結構與比例，能看出經營團隊的實力。但過去的好成績，不代表未來一定有好績效。一家公司的實際價值，不是光靠財報就能掌握。財報的問題分析只是手段，重點在於未來的目標與決策。

現在的財報是過去經營活動累積的軌跡，要真正看懂財報，就需要足夠的產業經驗與想像力。高手在看到數字比率後，就能在心中描繪出有關公司過去主要經營活動、決策者風格、員工結構與產業的動態，充分掌握公司背後的故事。但更重要的是企業的未來優勢，以及經營者腦海中的發展策略與下一步行動。

好公司的未來雖有風險，但卻有更多無限的潛在價值。經營團隊當下的用心與努力，會不斷累積未來的潛在動能。讓經營高手真正有興趣、投資者願意花大錢的關鍵因素，就是公司未來發展的無限價值。

必備能力❷ 財務會計

分析是為了做對的決策，也能讓你更清楚如何做好業績，賺更多毛利，有效率地管好後勤。每天紮實地製作日結帳、月結帳與月報表，從過去的經營活動結果，分析下一步該做什麼、重點在哪裡，才能更符合市場需求。

很多連鎖ＣＥＯ都是花了大把整帳費用，看到真實財務報表後，才驚覺原來自己腦中的數字錯得一塌糊塗。毛利應該比這個數字高啊，淨利怎麼那麼少？那家門市不是有賺錢嗎？轉投資看似生意不錯，搞半天還是靠老品牌在撐，其實虧很大。

你是在實際且正確的財務報表依據下做日常決策嗎？或是憑著多年的工作經驗來決定方向？公司的財務報表每月何時能拿到？正確率多少？中小型連鎖品牌ＣＥＯ的決策，多數真的是瞎子摸象。

有門市實戰經驗且幕僚背景專業的高手，看重營收與財務報表上每個數字背後的意涵。看到「營收」數字，就會想到品牌、通路關係、市場布局、業務團隊、訂價實力與行銷策略。看到「成本與毛利」，會想到採購能力與供應商關係。看到「費用」結構，薪資一定是大宗，先想到誰的業績最好、誰擁有技術、誰最有創意或誰的外部人脈好。更重要的是，誰是能帶動這個團隊的人。

門市生意，多數是現金流量大的生意。沒搞定財務會計與資訊管理，哪天門市數量擴展地越順利，問題就會越糾結及嚴重。若品牌發展海外市場，無論是單純代理供貨、合資或獨資，報表帳務的重要性就更大了。

＊附錄一表7附有加盟總部體質檢核表，供讀者自我檢測使用。

聽聽專業顧問怎麼說！

資金流量就像人體的血液，是品牌存活的基本。而資訊系統是你的神經網絡，決策資訊的來源。這兩者若跑不順，加盟品牌的體質一定不會好。

第28堂課

連鎖品牌有哪些重要的無形資產？

資產負債表 簡易格式	
流動資產 長期投資 固定資產 無形資產 其他資產	流動負債 長期負債 負債總額
	股東權益
資產總額	負債與股東權益總額

一般行業在看財務報表分析時，都會在意資產負債表的資產部分，例如流動資產、速動資產與固定資產的投資回收價值。而連鎖加盟品牌經營者，還要懂得運用無形資產的槓桿價值，包括品牌資產、技術資產與營運資產。

資產價值會隨時間，依據市場的競爭狀況變動。有形資產，要靠營運週轉的產能盡快變現。不然隨著時間，有形資產的價值就會逐步降低。而無形資產就要靠用心與時間去累積。但消費者會遺忘，新競爭者會出現，同業會抄襲，總部組織會老化。維護無形資產，實在很不容易。

無形資產需要時間累積

對企業來說，真正有價值的資產幾乎都是無形的，也很難用錢在短期間買到，反而需要時間長期累積，才會內化成真正的無價資產。無形資產的價值隨著時間會變得更值錢也更難鑑價。未來有太多不可知，但卻也充滿夢想與希望。經營者要能適切掌握機會與風險，將投入的有形資源，轉換成高報酬的現金。

品牌資產主要是品牌在市場的知名度與消費者的正向口碑。保護品牌資產，主要在註冊商標與名稱。技術資產主要在開發新品、製程、設備與器具等產品力的呈現。製程與設備的資產價值，需要有註冊專利保護，以及操作營運管理的策略。

連鎖加盟營運的資產價值，呈現在讓資產運作順暢，讓企業產生現金。首重團隊能力、忠誠度與積極的態度；其次是整合內部的營運作業，讓人、錢、物與資訊都能成為有目標且有制度運行的資訊系統；最後是供應商跟你

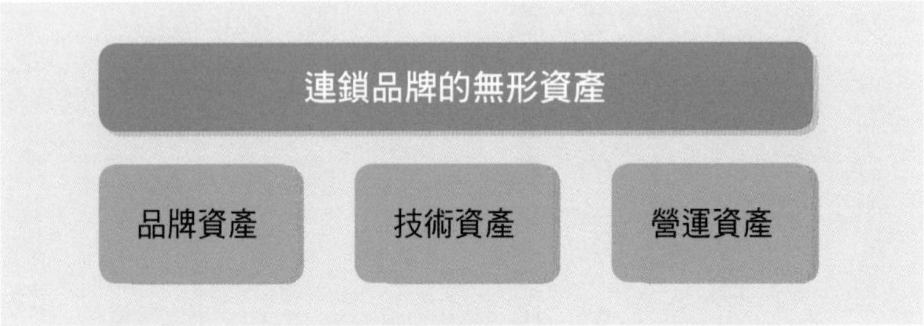

有好關係，願意把品質穩定的好貨好料，優先用好價格供貨給你。

如何擴大無形資產價值？

要怎麼衡量無形資產的價值？在連鎖加盟品牌的授權代理上，會具體呈現在加盟費、品牌代理費、品牌代理商的投資規模與談判力上。加盟授權的複製，能擴大營運規模與獲利模式。品牌的代理授權，可以收取區域或全區代理費，藉由在地市場的成長力量，加上代理商的資金與經營能力，效益會更高。而技術移轉或整廠輸出，就當成專案來收一筆大錢。

當然你開價時，可以對無形資產的價格獅子

大開口，但可能會有行無市。端看市場上，有沒有人願意付錢買單。市場價值，是競爭比較出來的。目標顧客都有自由選擇的權利，但無形資產的價值認定，也牽扯到資訊透明度、資訊蒐集難易度與成本、企業本身的規模實力與談判議價的能力。

品牌價值鑑價不易，在資產負債表上也較難表達呈現。業界做法，通常是在市場上參考類似同業的資訊，再依據彼此差異與談判能力，去上下調整價格。懂得善用市場趨勢、形象包裝與談判能力的經營者，價值轉換到價格的比率，可以提高不少。

容易被忽略的無價資產

連鎖品牌要海外授權，經營者必須花時間快速學習當地的政經文化與消費習性、溝通語言、建立供應鏈、跨國領導團隊、培訓派駐海外人才、跨國營運管理制度與建立機制等。這些知識與能力，要盡量在授權海外初期發展。一開始就要撥時間投入，免得病急亂投醫，沒有拿多少代理費，卻賠了夫人又折兵。

連鎖加盟品牌在發展海外品牌代理授權時，總部經營者與股東群的價值，更是潛在投資者判斷的重點。經營者在業界的主要意見領袖群中，是否擁有不錯的口碑？企業的經營實力如何？過去是否有授權成功的案例？企業本身的資產與營運實力，在移植海外後能否勝任？公司股東的背景實力如何？能在未來提供更多協助給營運團隊嗎？這些都是評估的重要項目。

聽聽專業顧問怎麼說！

中小型連鎖加盟品牌總部的經營實力，百分之八十決定在經營者的程度與實力。經營者是公司的重大無形資產，別忘了投資你自己！

第 29 堂課

連鎖品牌快速成長時面臨的挑戰

經營咖啡外帶連鎖店的年輕女老闆桑妮，在胼手胝足、辛苦經營多年後，終於從一家小店慢慢開展到現在有二十幾家直營店。快速成長下，業績蒸蒸日上，連媒體都爭相前來報導。桑妮終於嘗到成功的果實，回想起創業初期的辛苦與艱難，一切似乎都值得了。

但有一天，她發現員工的離職比例逐漸提高。除了幾位資深老夥伴陸續離開，連一位創始元老也在幾番懇談後堅持離開。在銜接的空窗期，她辛苦支撐著，這也讓桑妮開始思考，公司到底出了什麼問題。

跨過創業初期的艱辛，獲得市場認可是件可喜可賀的事情。但到了成長期，經營者又必須跨過一道道成長的鴻溝，要成功跨越，就必須從經營者改變想法開始。

成長策略與競爭

創業小老闆辛苦多年，好不容易逮到機會乘風起飛，真是時勢造英雄。

但勢如流水，可載舟亦可覆舟。小老闆看似意氣風發，其實更該如履薄冰，戰戰兢兢地經營。尤其調整企業體質，更是經營者該深思的重要課題。

企業體質倘若轉變成功，撐過去就能變強變壯。撐不下去，就可能從成長的陡坡上滾下來，輕者斷手斷腳；重者魂歸西天，嗚呼送命。在高速成長期，經營者要重新調整營運模式，善用現有利基，以整體的策略思維，持續擴大企業營收。

體質沒調整好前，組織與市場發展規模都不宜貪快、貪多。經營者該替企業找尋更多獲利來源，找到市場上的最佳定位，建立競爭的防衛壁壘。團隊更該用心了解主要目標客群，競爭者不會笨到去養你，該比較的是在顧客心中的價值定位，顧客才是真正的衣食父母。

品牌與人才

要實現企業的品牌承諾，需要所有團隊用心投入。組織體質很難立即改變與成長，**經營者必須激發員工的成長意願與對企業品牌的認同，凝聚團隊成長的力量**。當你給員工的績效指標都是利，卻期望他重視企業的名，要他維護品牌，認可企業文化，無異是緣木求魚。

花錢找專業人才不難，難在建立團隊且讓新人真正融入，提升團隊的戰力。新人可能提供團隊正向的影響力，或被現有團隊的文化同化，也可能與現有團隊互斥，懷怨離開。經營者與其相信外來的和尚會念經，不如用心培養自己的子弟兵。

在培訓員工初期，千萬不要太過理想化。人員素質方面，主要在培養工作態度與溝通能力。而在人員能力方面，要提升市場績效與專業能力。對的人，擺在對的組織，用對方法，做對的事。每個人，自然都是組織裡一等一的人才。

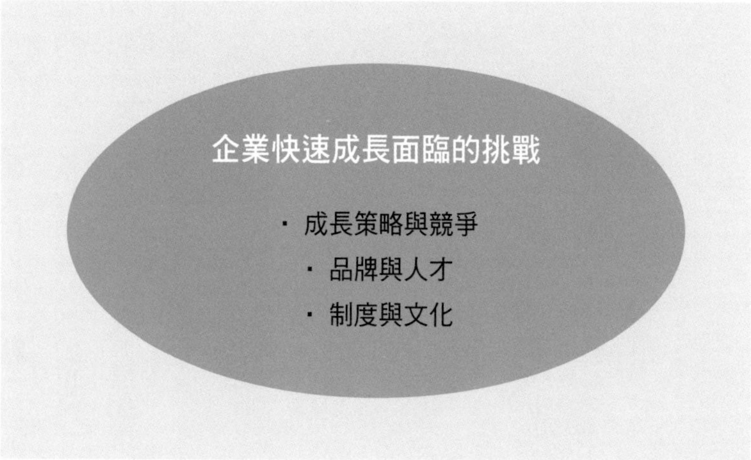

制度與文化

企業在快速成長期，每天殺紅眼忙著做生意，誰還有空管那些制度、文化與紀律。偏偏這些基本動作，越忽略反而越跑不掉。經營者如果疏忽這些基本動作，未來要付出的代價，一定比現在高。

制度不是整理一套完整的規定，公告大家配合就能成功運作。**要在訂定制度的過程中，讓大家一起參與，從簡單開始，逐步收斂。從企業內部逐步發展，才會是具有企業特色、文化與競爭力的制度。**

建立企業文化，要一點一滴地塑造共同的觀念與習慣，藉以凝聚團隊前進的力量。推行制度初期的重點，在於合理的規範與可用性。不需要完美理想的制度，只要隨著企業發展逐步調整修改就好。制度的存在是興利，而非防弊。

聽聽專業顧問怎麼說！

對經營者來說，事業成功的滋味甜在心裡，更甜在口袋荷包裡。就是為了那份事業成功、名利雙收的甜滋味，其他的酸苦辣鹹滋味，就只能當是老天敬你的一杯酒，含笑乾杯吞下了。

第30堂課

影響新興連鎖品牌成敗的關鍵因素

每年在台灣，都有不少如茶飲、早午餐、甜品與咖啡等新興連鎖加盟品牌出現。這幾年來，拜中國大陸消費市場起飛所賜，不管是台灣的知名連鎖大品牌或新興小品牌，都在品牌授權或投資上有所收益。

但在連鎖經驗與技術逐步移轉，中國本地品牌紛紛興起後，台灣的連鎖加盟品牌漸漸沒有那麼吃香了。尤其是不少新興品牌，面臨更多的挑戰。這樣的挑戰不只在消費者與品牌操作上，更多會在總部人員與營運的體質上。

可以看到現況有幾個普遍的現象：

1. 供貨型總部的加盟店多數沒賺錢，連直營店也賠不少。總部原本靠供貨賺錢，如今加盟店的出貨量大幅降低，面臨必須壓低成本與提高市占率的龐大壓力。
2. 加盟店改為全直營反而有賺，在不景氣時，這樣的品牌所屬店數不多且以精簡為主，卻有好體質可以堅持下去。
3. 新興連鎖加盟品牌，在台灣營業獲利不佳，卻頻頻出現在海外連鎖授權場合，尋求授權合作的對象。

4. 原以多品牌策略為主，開發多支加盟子品牌衝高業績與市占率。但在不景氣下，這些不具規模的子品牌多數苟延殘喘中。

失敗看結果，成功靠觀察。成功無法複製，但可藉由觀察，獲得值得參考的關鍵要素，提高致勝機率。

導致連鎖品牌失敗的六大主因

1. 失勢：產品退流行，直營店業績下降，加盟店多數賠錢且拓展力道弱，造成總部產生大量資金缺口。
2. 貪財：為降低成本或在短期快速創新，所以採用低價原物料，踩了食安的紅線。
3. 躁進：新興品牌太快成功，未居安思危。短期內，不斷創立子品牌，或

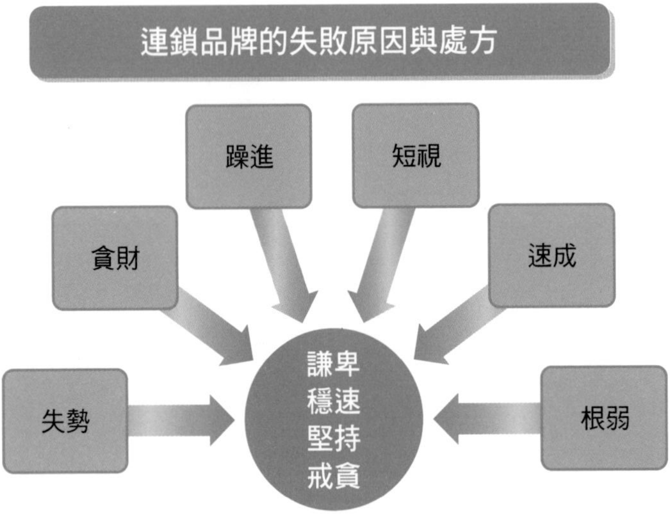

個人高額消費，造成企業財務體質漸弱。

4. 短視：加盟來者不拒，在短期內快速拓展加盟規模。打算賺飽後就換個新市場或另行開發新子品牌，再玩一次。

5. 速成：操作市場期望，預收加盟現金。或一次大成功後，被慫恿業外轉投資失利。

6. 根弱：總部根基與團隊弱，在財務會計、資訊系統、營運、督導、管理與市場回應上，多數能力均不足以支撐擴大的門市營業體系。

建議四大改善處方：謙卑、穩速、堅持、戒貪。

引領連鎖品牌成功的六大要素

1. 專業：經營者懂得傾聽市場與團隊聲音，找專業且敬業的人才，永遠跟著市場走，尊重消費者。
2. 團隊：經驗不代表專業，一群人也不代表就能成為一個團隊。汰弱扶強，晉用有實力、敬業與專業並重的人才。有好團隊的老闆鐵定上天堂，否則只能住套房。
3. 根基：團隊、經營者、市場與財務是建構成功品牌的四大根基，少一項都不行。
4. 正向：經營者不求表相完美，而是不斷追求品牌進步；團隊擁有專業，並建立尊重消費者的文化。
5. 堅持：慎選加盟者，不求短期快速獲利，而是注重加盟者的特質。對加

引領連鎖品牌成功的六大要素

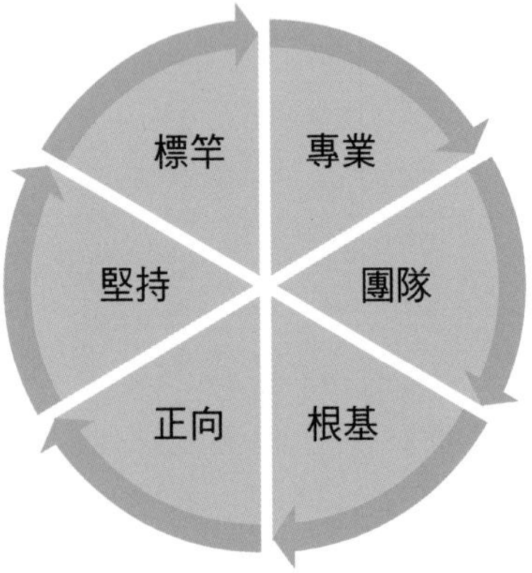

盟店與直營店定期給予專業培訓，使他們能提供優質的服務及溝通技巧。

6. 標竿：以國際標竿品牌為模仿對象，並學習市場強勢品牌的運作模式以求精進。

新興連鎖品牌的發展關鍵

連鎖品牌在剛興起時，要有三個「對」。就市場與主打商品，要**有「對的客群」；就品牌與價值，要有「對的定位」；就商品與服務，則要有「對的創新」。**

新品牌在高成長過程中，最容易碰到的門檻與陷阱在資訊、財會、人才、制度與資金上。經營者別貪快而導致揠苗助長，更別自負而不小心飆車失速。新興連鎖名牌要崛起，多數靠八字與運氣。但要走得長遠，就要看團隊與制度的體質。要專注於厚植本業的五大基礎力量，也就是品牌、市場、業績、服務與團隊，進一步再關注品牌策略、策略布局與資本運作。

聽聽專業顧問怎麼說！

加盟連鎖品牌要向上發展或向下沉淪，都存乎品牌經營者的一心！

第31堂課

連鎖品牌遭遇山寨時該如何應對？

「他們的產品跟我們幾乎一模一樣耶。」

「哇，LOGO形狀也是圓的，連價格都訂得一樣？」

「好醜啊，要也抄好看點，怎麼搞得像地攤貨？」

「他就是之前跟我們談加盟的那個人，竟然直接抄襲我們的品牌與產品概念？連經營模式也完全一樣。」

一家辛苦自創的連鎖時尚珍珠奶茶品牌，創業不到兩年，就發現有原本打算加盟的人，直接盜取他們的品牌相關概念，包括CI形象、產品概念與相似度百分之八十的商業結構。有顧客還以為那是他們的加盟店，消費後跑來向直營店抱怨說，品質怎麼不一樣？口感差很多啊！

盜版與山寨，是商業上很容易看到的現象。對辛苦創立品牌的經營團隊來說，剛開始往往不容易接受。山寨者的下場，多數都不會太好。然而如果你的品牌那麼好模仿，核心容易複製，那麼該擔心的對象，其實是自己而非對方。

競爭永遠是市場常態

抄襲是市場的常態，不管比你強、比你弱或沒做過的同業與異業，只要你做得好或能賺錢，自然有人想要模仿與複製你的創意和想法。你法律上的智慧財產權做得再嚴密，多數也只是防君子不防小人。

在激烈的產業競爭中，低劣的山寨品牌往往會劣幣驅逐良幣，讓產業的其他經營者頭痛不已。或因盜版者這顆老鼠屎，壞了產業發展的一整鍋粥。更麻煩的是，就算對方違法，你告他的法律與衍生成本，可能更不划算。

每一個新興或重新活化的產業中，唯有掌握實力、堅持經營理念且讓顧客滿意又喜歡的品牌，才能在戰場上存活茁壯。原創、創意與創新，本來就是一條辛苦卻值得努力向前行的路。廠商若想藉由盜版與山寨的方式速成，往往就是選擇放棄自我成長與磨練的機會。

無法山寨的品牌價值

真正的品牌，往往沒有你想像得好複製。山寨品，通常一眼就會讓人看出是盜版。你可以複製產品的「形」，卻難以複製經營核心的「魂」。Apple是典型的例子，你可以下大成本模仿產品硬體，卻難以模仿品牌的整體價值，包括龐大忠誠的果粉、大量支援的軟體、軟硬整合的平台服務等。

市場對品牌的信任，跟長期累積的顧客滿意度與認同感有關。通路對我們的支持，來自日積月累的合作與信任。容許犯錯的文化，與經營者的心胸度量有關。創新創意的研發思維，與核心團隊不斷挑戰自我的成長習慣有關。這些無形價值，容易速成嗎？

品牌價值，也包含產品與服務的創新能力、研發能力、技術門檻、專利商標、無形關係與企業文化等。核心價值是在對的經營理念、優質團隊與對的商業模式中營運累積出來的。若公司的這些核心資產很薄弱，或很容易就會被複製抄襲，那就是經營團隊該好好檢討的地方了。

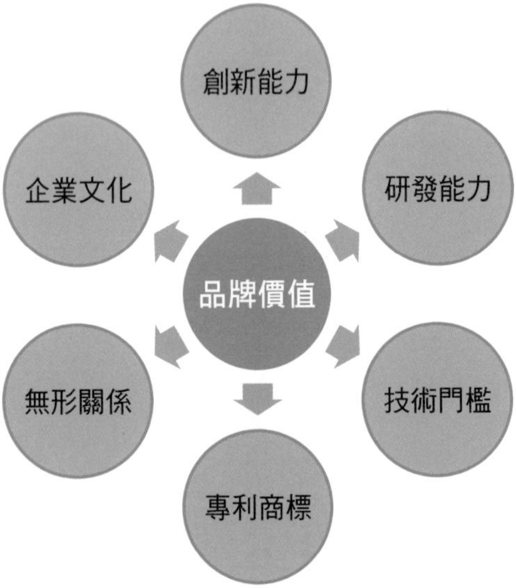

堅持品牌理念很重要

有幸碰到山寨，除了辱罵與難過，你更可以選擇一笑置之，回頭繼續努力經營自己的品牌。還可以樂觀開朗點：你的產品被山寨，代表有人認同與欣賞你的創意。那個山寨，為你佐證這是一條對的路，更讓你知道，幸好潛在競爭同業的素質沒有比你好。

經營理念比你想像的重要，卻也是創業者容易忽視的地方。**優秀的企業創辦人或經**

營者，一定會有自己堅持的理念。它是企業的品牌文化、價值觀和行為規範來源，更引導經營者與團隊在追求企業績效時，能正確落實經營行為。

品牌形象，是無數顧客認同與信任累積下來的珍貴資產。當山寨品牌的經營者選擇山寨（動詞）知名品牌，他就做了重大的「選擇」，放棄自己珍貴的「理念」與品牌核心「價值」，更選擇向自己宣示，放棄了挑戰與成長的契機。

聽聽專業顧問怎麼說！

山寨經營者走錯的一小步，將是未來品牌失敗的一大步。慎之！

第32堂課

發展海外授權時，該注意的重點

知名甜品連鎖品牌授權中資，在大陸南方城市合組公司。一方負責品牌授權、研發與生產；一方負責資金、展店與行銷。合作兩年，慘賠數千萬。

南部知名飲料連鎖品牌發展中國大陸品牌授權代理，辛苦耕耘三年，不但海外發展失利，代理商更是慘賠千萬；而台灣原有加盟版圖因景氣變化，加上疏於耕耘，加盟店數幾乎腰斬，只好開發新品牌，再覓突破之路。

知名中式快餐連鎖品牌與投資方當年發表合作消息，曾占據不少媒體版面。沒想到三年發展下來，海外品牌全歸雙方合組的海外新公司所有，還好股權有換得不少現金回台，心血沒有全都付之一炬。

近五年來，海外授權獲利或發展不錯的品牌其實不多，多數都是鎩羽而歸，說不完的斑斑血淚史。

海外授權的核心思維

不是有人想付錢代理品牌，你就可以盲目地進行海外授權。這時，也要自評產品與營運形態是否適合。基本特質有：產品適用市場廣、品牌識別度高、不挑客群、產品容易複製、門市投資金額不高與營業模式易於擴散等。

品牌海外授權合作，多數是以年輕人的市場為主，以容易快速爆紅的亮點產品，在高成長地區或城市發展，搭上當地的品牌知名度炒作，在發展初期的門市業績上，容易看到好成績。

此外，海外授權要小心，別踩到幾顆常見的隱性大地雷。例如，對市場預期過高，而過早預備太多產能。市場發展過熱，在後續資源與人才管理上，無法有效跟進。市場有小發展，但速度不如預期，沒有足夠規模，造成整體投資效益不佳。當然，若是碰到早有預謀的投資禿鷹，那就真是八字運氣有夠差的了。

授權前，你該先思考這些事

品牌海外授權的方式其實很多，但多數以代理供貨、雙方合資、合組新

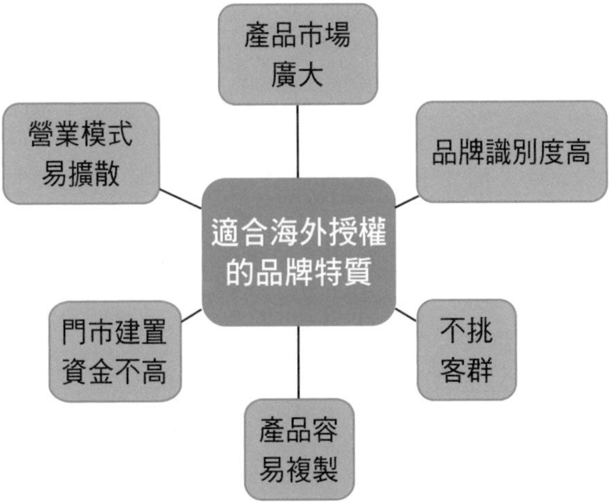

公司、技術股合作、技術購買移轉等為主，或是其中幾項的混合體。品牌、資金、know-how、經營團隊、門市營運與總部管理等基本元素，會依據雙方協議的權利義務各自分工。

初期海外授權合作，最重要的檯面議題往往是投資金額與利潤的分配比例。別因對方說要付大筆錢代理品牌，就欣喜若狂，昏頭昏腦地簽約。**要先思考與評估當地市場現況與發展潛力，以及對方的背景與需求。**

初次授權海外，主要目標應該是以了解市場、累積經驗、培養人才為主。未來才有機會與實力，轉化為自家公司適合的海外授權發展模式，獲利反倒還是其次。簽約重點在權利義務的交換，彼此都換到自己想要的。還有後續可能的退出或風險方案條款，如虧損、雙方不合、市場不如預期等，都應該在合約上提早取得共識。

第一次授權海外，以賺取經驗為主

品牌擁有者在海外代理授權上，可能會有代理費、加盟金、設備裝潢、技術移轉、原物料供貨與權利金等能賺錢的項目。實務上，主要資金多為品牌代理商出資。但要先提醒的是，如果前期在門市、總部與後勤的投資越大，就越不容易回收資金。投資風險越大，雙方合作破局的機會就越大。

海外授權合作，不要急著第一次就想海撈一筆。初次進軍海外的第一個合作專案，要先賺到經驗、人才與口碑，這才是未來累積海外發展籌碼的重要基礎。直營不好，加盟就不穩，更何況是天高皇帝遠的海外授權代理店。

要好好研究海外第一家門市，應該如何兼顧品牌特性與在地化去營運獲利。產品、團隊、行銷、培訓、督導、資訊與物流，都是該關注的重點項目。該守的法律，無論是檢驗或繳稅，都要照規定走。別因為省錢，反而花了大錢，還賠上對方的信用，那後續合作大概很快就不用玩了。

＊附錄一表8附有品牌海外行銷加盟總部體質檢核表，供讀者自我檢測使用。

聽聽專業顧問怎麼說！

海外授權，你要賺投資者的錢，他也要從你身上賺錢。如何兼顧賺錢與品牌長期發展，端看你的商業智慧。

附錄一

給品牌創業者的自我檢核表

開創事業，對創業者來說往往異常辛苦。不但要靠理念與熱情的感性力量來撐過難關。在面對目標與困難時，又不能自我感覺良好，或陷入以過去經驗為主的思考模式。這時，就需要有幾張讓經營者能冷靜分析自我現況的檢核表，作為理性決策的參考依據。

以下附上八張檢核表，分別針對門市創業準備、選擇加盟品牌、門市投資、門市籌備、開放加盟、加盟招商流程、加盟總部體質檢核、品牌海外行銷等，提供各位有需要時自我檢視，在創業發展連鎖加盟品牌的路上，可以準備得更充分，邁向成功創業的康莊大道。

1. 門市創業準備檢核表

No.	評估問題	優	佳	可	差	劣
1	打算進軍的市場或門市周邊商圈，目前機會大嗎？客流量適合你嗎？可行性如何？					
2	創業該準備的必要資源是否備齊？或已有因應方案？					
3	經營門市要有三種必備能力：行銷業績力、顧客服務力與門市管理力。你是否已有這些能力或是找到擁有這些能力的團隊成員？					
4	創業團隊的成員還缺哪幾個？何時到職？可否明確掌握？					
5	風險評估做了嗎？是否規劃預備方案了？可行性如何？					
6	創業投資的資金都準備好了嗎？自己能掌握多少比例？後續的預備金來源呢？					
7	產品在市場上是否有競爭力？顧客不買你的產品，會有其他更好的選擇嗎？你的產品容易被模仿嗎？					
8	已經規劃好市場開發計劃了嗎？已經明確掌握業績達成的方法了嗎？					
9	產品開發計劃是否合理可行？預算是否可以因應？如何確認你的產品是市場客群願意付費購買的？後續有新品計劃嗎？					
10	無論發生任何挫折與意外，你跟創業夥伴願意堅持多久？					
11	其他：					

自評心得&改善行動

2. 加盟品牌選擇檢核表

No.	評估問題	優	佳	可	差	劣
1	打算加盟的連鎖品牌，市場知名度如何？是否有負面評價？					
2	對方的直營店店數有超過三家嗎？加盟店店數有多少？總店數規模是否具有經濟效益？					
3	消費者對於產品的反應與口碑如何？持續力會多久？					
4	研發創新能力能提供新品市場競爭力嗎？產品組合的競爭力夠強嗎？					
5	總部提供的培訓是否完整？ SOP 是否能夠落實？					
6	總部有無輔導團隊，能提供日常營運問題的諮詢與協助？					
7	總部提供給加盟店的原物料、包材與耗材，市場價格是否合理？					
8	至少詢問過兩家以上現有其他加盟店對總部服務的口碑反應？					
9	總部經營者或創辦人在市場上的口碑、聲望與影響力如何？					
10	自己的加盟資金條件如何？是否大多數是自有資金？是否還有預備資金？					
11	其他：					

自評心得＆改善行動

3. 門市投資檢核表

No.	評估問題	優	佳	可	差	劣
1	門市投資企劃是否有想清楚寫下來？在市場上是否有類似的成功案例？					
2	投資預算是否能合理編列？是否有額外預算準備？軟硬體投資比例是否合理？					
3	投資的風險有哪些？能掌控多少？有無因應方案？					
4	估算門市損益表預算後，可行性有多大？收入估算是否過度樂觀？成本費用是否低估？					
5	營收可行性如何？萬一營收狀況不如預期，如何因應去主動開發業務？					
6	團隊成員是否有足夠的門市營運經驗？如果多數沒有，你是否要再考慮一下投資規模？					
7	投資回收以淨現值法評估後，是否可行？需要多久才能回收？					
8	在企劃案中的規劃進度項目，是否關注到品牌、技術、團隊素質等無形資產長期投資？					
9	搭配門市籌備開幕進度，這樣的現金流量是否合理可行？若日常營運有資金缺口，是否有安排資金的預備來源？					
10	這樣的門市投資模式，未來在增加加盟店要複製模式時，是否可行？					
11	其他：					

自評心得&改善行動

4. 門市籌備檢核表

No.	評估問題	優	佳	可	差	劣
1	在門市規劃上，是否有思考清楚以顧客為核心的 5W1H ？					
2	在計劃籌備時，能持續掌握從初期開發新客，到刺激老顧客回流消費等創造業績的方式？					
3	硬體建置在預算控制下，能建構出一家滿足顧客消費價值且能賺錢的好店？					
4	開幕企劃案能否打響正式營運的知名度，吸引足夠的消費者前來嘗試？能否引起媒體注意？					
5	在人員培訓方面，從講師的教材、教具與 SOP 手冊等，是否都已經事先準備？都經過有門市實務營運經驗的人確認過？					
6	你的產品、服務、動線與流程等，在試營運之後能否合乎預期的目標，塑造足夠的價值與顧客滿意度？					
7	正式營運後，是否能夠快速塑造商圈知名度，有能力持續吸引客群到場消費，達成業績目標？					
8	整個籌備流程，在顧客導向與資金管控的目標下，能否提升顧客「購買」意願與增進「價值」滿意度？					
9	未來要拓展加盟，這樣的投資條件與建構進度，是否能滿足加盟者期望？					
10	經營者與團隊是否有承擔營運成敗責任的認知與共識？					
11	其他：					

自評心得＆改善行動

5. 開放加盟檢核表

No.	評估問題	優	佳	可	差	劣
1	你的品牌價值是否已彰顯在加盟合約中，並獲得雙方互利的合理計價？					
2	一旦你的智慧財產權受到侵害，是否有能力處理？並對後續傷害做好最佳的控制管理？					
3	在加盟授權與營運服務機制中，是否已經建立合適的複製門檻？這個門檻的成本效益是否適當？					
4	加盟體系的發展規模與方式，是否會影響品牌直營店的長期市場發展與穩定度？					
5	你是否有足夠的展店與督導人才，提供加盟者最適當的營運服務？倘若不足，是否已經找妥備案？					
6	你在協助加盟店開店營運與日常管理上，是否有能力提供足夠的培訓能量，協助加盟者穩定發展？					
7	對於加盟者與合夥關係，你的品牌是否在制度、供應鏈、系統與運作模式上，擁有足夠強度的鏈結關係？					
8	加盟者退出的障礙有哪些？萬一碰到惡意加盟者，是否有合適的退出處理方式？					
9	與加盟者間可能產生的爭議，是否已在合約中事先載明？是否已評估潛在的合約或合作風險？一旦發生風險或糾紛時是否有能力處理？					
10	預計的加盟店營運模式，能否長期維持合理的營運損益？會賺錢的關鍵有哪些？有能力管控或協助嗎？					
11	其他：					

自評心得＆改善行動

6. 加盟招商流程檢核表

No.	評估問題	優	佳	可	差	劣
1	召募加盟前，總部是否都具備有服務加盟商的基本條件與能力？					
2	加盟方案的設計規劃是否具有吸引力？對加盟商的權利義務能否讓雙方達到雙贏？					
3	加盟文件是否準備完善？有預演練習過，能對加盟者說明清楚嗎？					
4	相關文件是否符合政府法規要求？加盟合約是否合理合法？合約內容較有爭議或可能形成後續問題的地方是哪裡？如何避免？					
5	對加盟者的背景與條件，是否已經考慮到對未來的影響？內部是否已經達成共識？					
6	適合開店的選點基本條件是否合理？ 這樣的地點條件，未來是否好找？					
7	依據過去的經驗與實力，我們規劃的加盟店規格與大小是否合理？營運成本是否會造成當月獲利的門檻過高？					
8	門市建置投資與營運成本，是否容易賺錢及存活？					
9	對加盟店的培訓，是否讓加盟者有能力順利營運店面，提供品質穩定的產品與服務？					
10	加盟商在展店後，若跟總部有合作上的爭議，是否已經想好因應的措施與方法？					
11	其他：					

自評心得&改善行動

7. 加盟總部體質檢核表

No.	評估問題	優	佳	可	差	劣
1	大環境的市場趨勢如何？是否能跟上目標客群的消費習性？能否有效掌握，並有因應的對策？					
2	營業額提升時，毛利率是否也能維持？					
3	現有的利潤狀況還能發展多久？能否掌握未來的利潤來源？					
4	品牌定位或商圈設點的布局，是否有找到策略優勢位置？					
5	新商品的創新研發，是否在直營店與加盟店都能不斷引起消費者注意，帶來新的業績？					
6	總部的幕僚團隊素質與能力如何？因應我們的展店規模與市場發展，是否都能支援公司整體的業務與營運發展？					
7	經營者自己的能力與素質，能否跟上公司整體的發展速度？					
8	團隊的能力素質如何？能否有效補充第一線門市店長人才？人才的培養速度能否跟上未來展店的速度？					
9	加盟體系的體質如何？業績與服務品質是否符合規劃目標？在質與量的未來發展上，是否還有足夠的發展空間？					
10	加盟督導的團隊能力與素質，是否有能力提升加盟者的程度，並提供有效的協助？					
11	其他：					

自評心得＆改善行動

8. 品牌海外行銷檢核表

No.	評估問題	優	佳	可	差	劣
1	你的品牌、產品與營運模式，是否適合發展海外授權？哪個國家或區域適合發展你的品牌？					
2	在組織人才方面，現有團隊是否有足夠的海外營運管理能力？團隊人才在加盟建置與督導服務能力上是否足夠？					
3	在產品開發與創新方面，預計發展的區域或國家是否有足夠在地化的能力？市場接受度有多高？					
4	產品與週邊用品，是否能找到成本適當且安全無虞的海外供應廠商，且有足夠能量支援長期發展的需要？					
5	在管理制度、內稽內控與資訊管理方面，是否有能力在預計發展的區域或國家提供足夠的支援？					
6	預計發展的區域或國家，在商務法律、智財管理、拓展融資與在地商務人脈上，是否有足夠的支援能量？					
7	是否有能力判斷海外合作夥伴的能力與誠信度？在合約上，是否已經找到互利與互信的機制？					
8	倘若半年內要在國際間建立直營門市，團隊中有哪些專業與能力都是你足以信任、可以派駐發展的人才？					
9	你要做的是本土連鎖總部的國際化，還是具國際化特質的連鎖總部？你跟團隊有能力判斷兩者的差異嗎？					
10	經營者自己在品牌國際化發展上的能力與經驗，是否清楚？或者還需要學習哪些能力？有無團隊人才可以與你互補？					
11	其他：					

自評心得＆改善行動

附錄二

創業加盟相關法規資訊

有關創業加盟，因為涉及的法規眾多，以下列出創業者必要參考的法規名稱，與可以尋找到相關資料的網址，希望幫助想創業的人輕鬆找到需要的法規與資訊。

1. 公司法
2. 公平交易法&公平交易法施行細則
3. 民法
4. 食品安全衛生管理法
5. 個人資料保護法&個人資料保護法施行細則

6. 消費者保護法＆消費者保護法施行細則
7. 商品標示法
8. 商業會計法 ＆商業會計處理準則
9. 商標法
10. 商標法＆商標法施行細則
11. 專利法
12. 著作權法
13. 營業祕密法

以上法規查詢網頁：全國法規資料庫，網址：http://law.moj.gov.tw

14. 公平交易法暨公平交易委員會對於加盟業主經營行為案件之處理原則

網址：http://www.ftc.gov.tw/internet/main/doc/docDetail.aspx?uid=167&docid=11795

15. 公平交易委員會對於公平交易法第二十一條案件之處理原則
網址：http://www.ftc.gov.tw/internet/main/doc/docDetail.aspx?uid=165&docid=13937

16. 公平交易委員會對於公平交易法第二十五條案件之處理原則
網址：http://www.ftc.gov.tw/internet/main/doc/docDetail.aspx?uid=1138&docid=12789

實用知識 57

跟連鎖經營顧問學開店創業

從創業實戰到成立連鎖品牌總部的經營管理學

作　　者：陳其華
編　　輯：陳家珍
校　　對：陳家珍、林淑蘭
視覺設計：邱介惠
內頁排版：思思

發 行 人：洪祺祥
副總經理：洪偉傑
副總編輯：林佳慧
法律顧問：建大法律事務所
財務顧問：高威會計師事務所
出　　版：日月文化出版股份有限公司
製　　作：寶鼎出版
地　　址：台北市信義路三段151號8樓
電　　話：（02）2708-5509　　傳真：（02）2708-6157
客服信箱：service@heliopolis.com.tw
網　　址：www.heliopolis.com.tw
郵撥帳號：19716071 日月文化出版股份有限公司

總 經 銷：聯合發行股份有限公司
電　　話：（02）2917-8022　　傳真：（02）2915-7212
製版印刷：禾耕彩色印刷事業股份有限公司
初　　版：2018年3月
初版五刷：2021年3月
定　　價：320元
I S B N：978-986-248-704-4

國家圖書館出版品預行編目(CIP)資料

跟連鎖經營顧問學開店創業：從創業實戰到成立連鎖品牌總部的經營管理學 / 陳其華著. -- 初版. -- 台北市：日月文化, 2018.03
288面；14.7×21公分. --（實用知識；57）
ISBN 978-986-248-704-4（平裝）
1.連鎖商店　2.加盟企業　3.企業經營
498.93　　107000303

預約實用知識，延伸出版價值